U0736151

后浪

[加] 悉尼·帕杜亚 编绘　　马楠 译

算一台电脑

贵州出版集团
贵州人民出版社

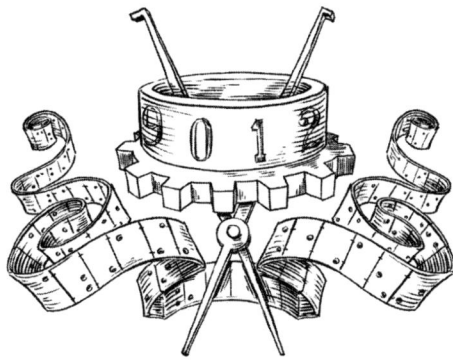

第一台电脑

献给我的母亲

这番愿景会在何时何地发生，此刻我没有必要说明。

——查尔斯·巴贝奇《一位哲学家的生平》

要是一个人把开玩笑当作人生最重要的事，那么，最聪明最优秀的人——不，最聪明最优秀的行为——也就会变得可笑。

——简·奥斯汀《傲慢与偏见》

洛夫莱斯

和

巴贝奇

惊心动魄的冒险

充满著名人物

的

趣闻逸事

全面展示

寓教于乐的场景

无论内部还是外部都表现出色的

差分机

以肖像和科学图表润饰

悉尼·帕杜亚

前 言

那是 2009 年春天，在伦敦的某个酒吧，当时我开始着手为网站绘制一篇非常短的漫画，展示埃达·洛夫莱斯极其短暂的一生。这是我朋友苏提议的，也是在这间酒吧。那时她是（并且现在依然是）一年一度的科技女性虚拟节的主席，她以洛夫莱斯的名字命名这个节日，但对这位历史人物，我还不甚了解。

于是，就像许多人会做的那样，我在维基百科上搜索"埃达·洛夫莱斯"，由此我看到了一则奇怪的传说，关于一位古怪的天才查尔斯·巴贝奇如何在 19 世纪 30 年代试图发明电脑未果，以及拜伦爵士的女儿如何为这台想象中的电脑写虚构的程序。这实在是个特别的故事，无处不在的非凡人格和闪耀的诗意使它看起来简直难以置信。但是，到了最后，一切轰然跌回阴暗的现实。洛夫莱斯英年早逝。巴贝奇作为一位悲惨的老人黯然离世。那台蒸汽驱动的巨大电脑从未被发明出来。对我的小漫画而言，这似乎是个太过令人沮丧的结局。因此，我又在结尾处多画了几张，为他们创造出另一个更好的、更激动人心的漫画宇宙。

拜伦爵士曾表示，《恰尔德·哈洛尔德游记》的出版让他在第二天一早醒来后发现自己一举成名。而我，在次日发现自己在网上略微拥有了一定的点击量，这已经足以令我紧张不安了。但更令人震惊的是，人们关注我，似乎是因为我将要绘制关于埃达·洛夫莱斯和查尔斯·巴贝奇的网络冒险漫画。几乎没有人意识到，那个平行宇宙的结局只不过是一个玩笑。

实际上，我完全没有计划创作洛夫莱斯和巴贝奇的漫画。一方面，我并不是漫画家。另一方面，我对维多利亚时代的历史、科学或者数学一无所知。我和电脑的关系可以称为勉强休战但偶尔爆发公开敌对状态。但是，我想念画画的感觉——在被迫进入电脑动画这行之前，我做了多年手绘动画师。我开始利用零碎时间涂鸦各种冒出来的想法。我发现，想要逃避其他看起来更严肃的事情，画网络漫画是一个极佳的方式。更妙的是，我发现做研究是一个绝佳的方法，来推迟我为了拖延而画的漫画。

正是在研究的过程中，我无可救药地"坠入爱河"。我阅读了巴贝奇的自传，然后彻底臣服于这位匹克威克先生、蟾蜍先生、堂·吉诃德和列奥纳多·达·芬奇的混合体。我聚精会神地阅读洛夫莱斯的信件，恨不能和她握手、拥抱，为她发起游行。同时，我还为那台了不起的、神秘的、从未存在过的分析机着迷，那是装置精巧的串联和齿轮的迷宫。和所有纯洁无私的情人一样，我的心中溢满了慷慨布道般的情感。每个人都应该知道我的英雄有多么迷人、多么充满吸引力，并且遭受了多么不公正的误解！必须向每个人分享发掘一份具有启发性的原始文件的乐趣！这就是我在大英图书馆中，从刊登在《计算机史年报》上的技术文章中尝试收集有用的笑话时的感受。

后来，随着我完成数百页的漫画，事情变得有些难以为继。正如我仍在坚持的，我并不是在画一部名为《第一台电脑》的漫画，而是非常详细地想象，如果真的存在这样一部漫画，它会是什么样子。

因此，你将在这里看到一部关于一台想象中的电脑的虚构漫画。

目 录

巴贝奇先生的差分机引擎

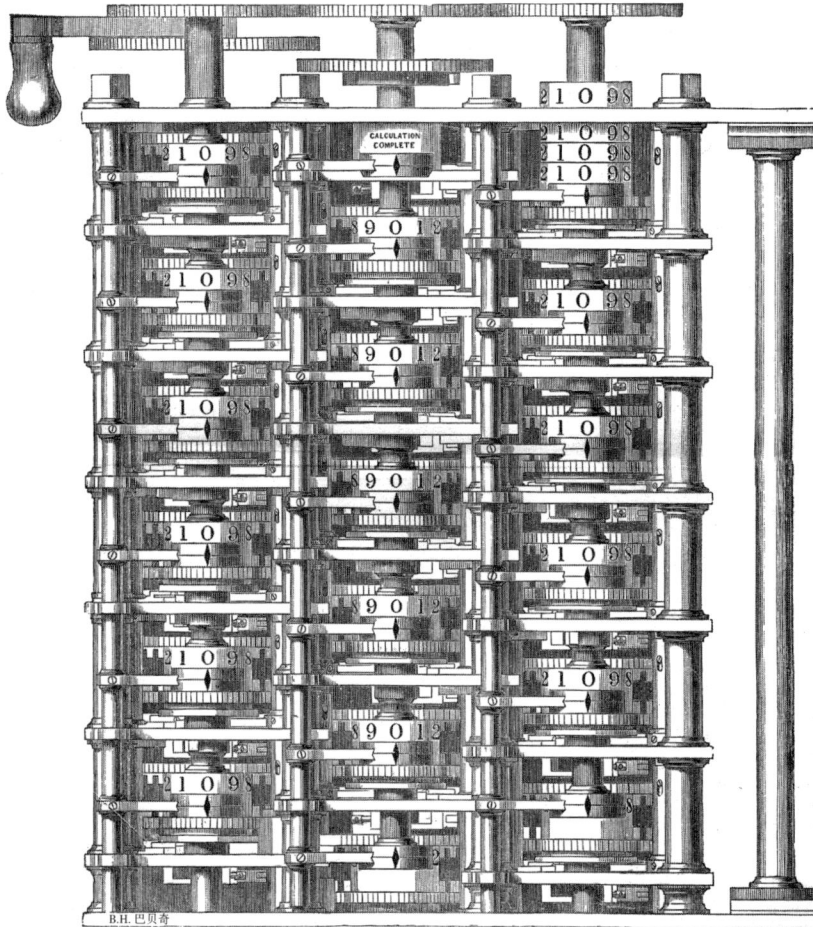

巴贝奇先生的差分机的一小部分，NO.1（计算机），政府财产，
藏于伦敦萨默赛特宫的国王学院博物馆，见第 142 页

巴贝奇的第一台计算装置上唯一的工作组件——差分机。
摘自《科学和实用艺术中的发明家和发现者的故事》，约
翰·廷布斯，1860。

作者的个人收藏

埃达

·

洛夫莱斯

伯爵夫人

秘密起源!

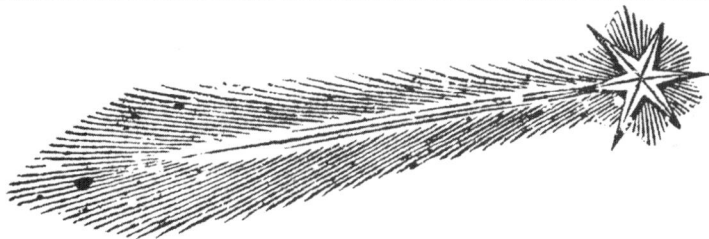

和著名的机械学者教授,

查尔斯·巴贝奇

先生,文科硕士,皇家学会会员,爱丁堡皇家学会会员,皇家天文学会会员,统计学会会员,爱尔兰皇家学院荣誉成员,机械版权保护协会会员,学术道德学会重要成员,巴黎计算机械学会会员,美国艺术与科学院院士,普鲁士经贸书记官,日内瓦自然历史哲学学会会员

以及他绝妙的计算机

袖珍宇宙

的形成,奇迹般地避免了悲剧结局

以幽默的剪辑和其他图像化的点缀,

呈现各种各样有趣且惊心动魄的冒险场景!

埃达是"以疯狂、糟糕、危险著称"的，诗人及疯子**拜伦爵士**唯一合法的孩子。

她母亲安娜贝拉从那颗爆炸的星球丈夫身边逃开了，但是害怕他们的女儿继承他那**疯狂的血统**！！

埃达绝不能变得富有诗意！

只有**一件事情**具有征服诗意的力量……

数学！！

高等微积分

✿ 拜伦爵士（1788—1824），激进分子、冒险家、泛爱慕主义者，以及诗人。[1] 他被他的诸多情人之一，作家卡罗琳·兰姆形容为"疯狂的、糟糕的、危险的"。

✿ 安妮·伊莎贝拉·米尔班克（1792—1860），道德高尚的福音派基督徒，著名的反奴隶制运动者。她还是一位热心的业余数学家，拜伦称其为"平行四边形公主"。她在 22 岁时嫁给了 26 岁的拜伦。

✿ 令人惊讶的是，这段婚姻没有成功。[2]

埃达年轻的头脑习惯于远离**危险的潜在诗意**……

Ooooooh!
呜呼

CLANG!
咣！
CLANG!
咣！
CLANG!
咣！

并且从早年开始便接受训练，控制潜伏在其**遗传**中的**混乱力量**！

我们渴望**确定**而非**不确定**！**科学**而非**艺术**！

那这些**虚数**呢？

我们不讨论**虚数**！

✿ 拜伦夫人告诉 3 岁埃达的保姆："保持谨慎，永远对她说真话……注意不要给她讲任何可能让她产生幻想的荒谬故事。"终其一生，埃达一直受到格外关注，看她是否表现出受其父亲"诗意"影响的迹象。[3]

✿ "确定而非不确定"一句出自埃达的一位导师——威廉·弗伦德[4]；我不得不反复检查了三遍，才确信他竟写出了如此富有个性的东西。弗伦德是一位非常保守的数学家，因此他并不相信负数。更别说让他讲虚数了。

✿ 埃达的成长环境严格而孤独。[5] 她上课时躺在一块"斜靠板"上，以改善体态。如果她表现出烦躁不安，哪怕只是动动手指，也会被人把双手绑在黑色的袋子里，然后关进壁橱。当时她只有 5 岁。

会成为一个**有独创性的数学研究者**，甚至是第一流的卓越人物……

但我们是该鼓励她，还是遏制她超越**当前知识边界**的欲望呢？

她拥有的**数学能力**和一个人的身体能承受的全部力量一样多！

心智和身体的博弈即将开始……

因此，被狼科学家和数学家们养大的埃达成了一台人型计算机！

与此同时，超级天才发明家**查尔斯·巴贝奇**正埋首于非人力计算机器！

没有人有足够的智慧领悟我的**差分机**的出彩之处！

短见的傻瓜们！！！

政府不是给了你一笔**巨额补助金**，然后你把它们用在另一台你也没有完成的机器上了？

闭嘴，奴才！

谁能理解我徒劳的挣扎？

✿ "会成为一个有独创性的数学研究者" 等说法出自埃达后来的老师，伟大的逻辑学家奥古斯塔斯·德摩根 [6]。（尽管他说这话的时候埃达已经 27 岁；这封迷人的信可以在附录 I 中找到。）

✿ 查尔斯·巴贝奇 [7] 是剑桥卢卡斯数学教授，统计学会的创始人，以及 "对数学科的弗兰肯斯坦"（根据 1832 年的《文学公报》）。在他的时代，名人巴贝奇先生因发明了一台巧妙的、不可思议的并且永远没完成的机械计算机而闻名于世。如今，他以计算机发明者的身份著称。

✿ 仆人暗指巴贝奇与政府补助金之间的紧张关系。[8]

受到枯竭的方法和受损的健康的驱使，几乎对实现人生的**伟大目标**感到**绝望**——当**大脑**在野心施加的重压下濒临崩溃。

全世界的忽视加剧了这个工作过度的身体的抽痛……

……还有街头**音乐家无休止的折磨**！！！

世界上最小的提琴

很不幸，年轻的埃达开始表现出一种众所周知与诗歌相关的症状……**想象力**。

并且她的自我教育超出了化学的范畴……

嘻嘻！GIGGLE！嘻嘻！GIGGLE！

埃达！！

我们没能成功根除你父亲的**失调症**。

✿ 巴贝奇说巴贝奇，引自他的小册子《1851年博览会》（原文如此）。[9]

✿ "对普通英国人而言，巴贝奇先生的名字仅仅意味着计算机和街头音乐家的模糊组合"，L.A. 托尔马什在1873年出版的《麦克米利安杂志》中写道。我希望各国的普通人都能回到这种幸福状态。

✿ 13岁那年，埃达迷上了飞行器、绘制图表和解剖乌鸦的翅膀。

✿ 根据为其婚姻起草的法律文件，16岁的埃达和她的速记老师乱搞在一起，尽管"没有到完全联结深入的程度"。人们的想象力势必令他们提出质疑：年轻的贵族女士学习速记？为什么？[10]

当然，亲爱的，如果你希望这样的话。

但是埃达，试着**克制**和**有耐心**！

我发现刺绣对平复情绪很有效果。

而且，不要称我"大师"，亲爱的，很奇怪。

玛丽·萨默维尔

嗯，有个我认识的人，相信你会很有兴趣见见……

多塞特街 1 号，伦敦

✿ 玛丽·萨默维尔（1780—1872）是一位杰出的科幻作家和数学家，牛津第一所女子学院便以她的名字命名。她也是洛夫莱斯和巴贝奇的亲密好友，并且就更高等的数学问题与洛夫莱斯有书信往来。在许多方面，萨默维尔都是洛夫莱斯的反面，从孩提时代起，她就被禁止学习数学，因为父母担心她那女性的身体无法承受（几十年后，奥古斯塔斯·德摩根也对埃达表示出同样的担忧）。萨默维尔在回忆录中引述了她父亲的话："我们必须停止这一切，否则总有一天玛丽要被套上拘束衣。"她偷偷把蜡烛带进卧室，秘密学习。[11]

✿查尔斯·巴贝奇因在自己巨大的伦敦豪宅中举行的派对 [12] 而出名，出席派对的人包括数百位当时的杰出人物。"所有人都渴望参加他的盛大晚会。"记者哈里特·马蒂诺写道。巴贝奇的朋友，安德鲁·克罗斯夫人回忆称："那些想要得到邀请的人至少需要具备三种资格——智慧、美貌或者地位——中的一种，如果一项都没有的话，即使如克洛伊索斯王般富有，也会被告知不得入内。"[巴贝奇有无数的美德，但即使是他最铁杆的粉丝（比如我）也不得不承认，他是个势利小人。]上图中的人都是巴贝奇的朋友，不过我很怀疑他们是否曾同时出现在派对上！

✿ 在巴贝奇的客厅中有一位著名的住户，那是一台银色的自动机器[13]："其中之一……是一位令人钦佩的女芭蕾舞蹈家，在她的右手食指上有一只小鸟，正张着喙摇晃尾巴、扇动翅膀。这位女士摆出了最迷人的姿态，她的眼中充满了想象力，令人难以抗拒。"

✿ 巴贝奇的对白改编自他的自传。

✿ 巴贝奇客厅中的另一位发条住户是他在 1832 年制造的那台 1 号差分机的局部。这台机械计算机是他唯一完成的工作装置，但在那台用于计算和打印数学用表的巨大机器的设计方案中，这台机器也仅占一小部分。你可以前往伦敦科学博物馆参观这个美丽的物件。2000 年，人们按照巴贝奇的设计制造出了一台差分机。

注意这些齿轮！根据**一项法则**，它们将会生成一组系列数字……

从它的结构上来看，这台机器不可能产生任何系列之外的数字！

我们可以预测，机器将继续这个系列，永远不会改变……

但是，哈！你们中的数学家将会察觉到一个**意料之外**的结果！这怎么可能呢？机器如何在不受干预的情况下产生了变化？

迄今为止一直被藏起来的**另一个轴**，投入运转！

你们明白了吗？

✿ 在巴贝奇的一次晚间聚会上，在他们的第一次会面后，埃达·拜伦看到了差分机的模型。[14] 索菲亚·德摩根（埃达的导师奥古斯塔斯·德摩根的妻子）当时和她在一起，并回忆道："我清楚地记得陪她去看巴贝奇先生那奇妙的分析机（她弄混了差分机和分析机，我们很快就会见到后者），其他来访者在凝视这台美丽的仪器工作时，脸上都浮现出某种表情，我敢说就是那种感觉，就像一群野蛮人在第一次照镜子或听到枪声后表现出的那样——拜伦小姐虽然年轻，却理解它的工作原理，并且看出了这项发明的巨大魅力。"

✿ 对于他的机器模型，巴贝奇最喜欢的展示方式是将其设置为在特定循环后，改变正在计算的序列规则。他用这一特征作为类比，在《第九篇布里奇沃特专著》中为圣经奇迹[15]的真实性进行了极不可信的辩护。

✿ 当他们相遇时，巴贝奇 42 岁，洛夫莱斯 18 岁，他们成了一生的密友。[16] 初次见面后不久，巴贝奇便将差分机的设计资料借给了洛夫莱斯 [17]，并且很乐于给她寄数学难题。

✿ 洛夫莱斯的对白选自她的笔记《分析机草图》。差分机的目的并不在于算出一个特定的结果，而是为了产生一种加法的数千次迭代（按照洛夫莱斯在上面引用的公式），并最终打印出在计算器出现之前航海员、工程师和会计师等会使用的大量表册。"差分法"是一种将某些类型的数学简化为简单加法的方法，例如可以通过机械地转动齿轮来完成计算。

就在巴贝奇遇到洛夫莱斯的同一时期，他正在给自己的机械计算器开发一种引人瞩目的延伸功能：利用穿孔卡片实现自动控制。他将这种机器命名为……

分析机！
计算机的初代设计！

✿ "差分机"这个名字很容易在人们的脑海里留下印象，而且在漫画中听起来更棒，但实际上，巴贝奇为人所熟知，是凭借之后那台不那么性感的名为分析机的机器。

✿ 分析机的灵感来自用穿孔卡片编织图案的提花织机。巴贝奇在他遇到埃达的同一年产生了这一构想，为此做的笔记和设计多达数千页。这台机器一直在变化，因为巴贝奇不断对其进行修正、改进、添加和删减机械零件。它拥有内存、处理器、硬件和软件，还有一系列复杂的自激活反馈回路。除了由齿轮和杠杆组成，并且靠蒸汽机提供动力之外，这台机器本质上就是一台现代计算机。

与此同时，19 岁的埃达嫁给了贵族威廉·金，并且成为**洛夫莱斯伯爵夫人**……

3 年里，她生了 3 个孩子，他们都很有趣。*

*我说谎了，拉尔夫，那个最小的，很无趣。

1840 年，在意大利都灵召开的会议上，巴贝奇发表了关于分析机的出色演讲。工程师路易吉·梅纳布雷亚**在一份法国期刊上就此发表了一篇综述。

**梅纳布雷亚后来成为意大利总理，轻而易举地令自己成为这个故事中最成功的人。

'呜咽'
没有人理解我……

但是，似乎依旧没什么人在意巴贝奇的发明。

然后，**命中注定的那天**……

我正在翻译梅纳布雷亚的那篇论文，关于那台机器，但是我想要添加好多东西……

真的吗？

啊哦。

你就像是一个**施了魔法的数学仙女**！！

✿ 威廉·金（与布道的数学导师无关）在 30 岁那年与埃达结婚。[18]

✿ 巴贝奇在自传中回忆道："已故的洛夫莱斯伯爵夫人告诉我，她已经翻译了梅纳布雷亚的回忆录。我问她为什么没有就自己如此熟悉的对象写一篇原创论文，对此，洛夫莱斯夫人回答，她从没产生过这样的想法。随后我建议她应该在梅纳布雷亚的备忘录中添加一些注释。她立即接受了这个提议。"一份由女性撰写的原创科学论文会很不寻常，但是由女性完成男性作品的翻译和写作摘要则有先例可循。在这方面能力上，洛夫莱斯似乎野心勃勃地想要成为她的老友兼老师玛丽·萨默维尔的继承者。

✿ 在写给迈克尔·法拉第（见第 272 页附录 I）的一封可爱的信件中，巴贝奇称埃达为"向最抽象的科学施展了魔法"的"魔女"以及"年轻仙女"。

于是，在 1843 年，埃达·洛夫莱斯写了第一篇关于计算机科学的论文，包括最早的完整的计算机程序……

✿ 洛夫莱斯在她翻译的梅纳布雷亚的《分析机草图》中添加了 7 条补充说明，它们比原文长 2.5 倍多——大概是本页脚注与漫画之间的比例。在 1843 年 9 月出版的泰勒版《科学回忆录》——一种专门出版欧洲大陆英译作品的期刊——中，它们的篇幅共占 65 页。

梅纳布雷亚的论文显然直接记录了巴贝奇的演讲，勾勒出这台机器的基本结构。在洛夫莱斯的补充说明中可以看到许多现代计算机思想最有趣的原型——循环、分支判断、硬软件分离，以及最根本的、关于通用计算机的概念：也就是，机器具备超越数值方程求解的范畴，并且具备操纵任何类型信息的潜力。

这些补充说明就像梅纳布雷亚的原始论文一样，也包含若干数学"程序"。它们看上去就像大篇幅的数字列表，将机器处理一系列复杂计算的步骤加以分解。毋庸置疑，巴贝奇本人也为他的机器草拟了一些简单的程序；巴贝奇的助手之一（不同于我们的任何一位主人公，这位助手因其非常工整的笔迹而闻名）也写过一些小程序。不过，似乎还是洛夫莱斯完成了论文中最详尽和完整的程序，并最先发表；因此，有时她也被称为"第一位计算机程序员"。

我之所以说"似乎"，是因为关于这些补充说明中有多少来自洛夫莱斯，又有多少出自巴贝奇之手，存在相当大的争议。在撰写这些补充说明的 9 个月时间里，他们的通信记录尽管非常有趣，却不像人们以为的那样有助于澄清这个问题。记录里面充满了圈内笑话、典故，以及"让我们周二讨论一下"之类的言语。所有涉及硬件的内容无疑都来自巴贝奇；但是，这台机器中被巴贝奇称为"哲学观点"的部分以及程序的最终形式，都属于洛夫莱斯。

从某种意义上说，顽固死板的巴贝奇和活泼善变的洛夫莱斯体现了硬件和软件的区别。巴贝奇关注我们称之为硬件的部分——由盘根错节的杠杆组成的发条网络、齿轮、卡片、销钉、齿条等，无穷无尽，构成了这台机器。他自己最引以为豪的成就，就是想出了一个方案，能够将（想象中）用于进位的机制缩短几分之一秒（这确实非常聪明，之后会有图表展示）。另一方面，洛夫莱斯却倾向于如贵族般挥挥手，无视硬件（例如，对于调整机器，使之产生符号结果和数字结果的想法，她认为这很"简单，只要做一些简单的设定！"）；在阅读她的论文时，执行这些操作的数吨金属被分解成了抽象的数据。

我们并不清楚，为什么除了对自己的机器进行模糊的总结，巴贝奇本人并没有发表过任何东西。除了自己的毕生事业，他对阳光下的各项事务发表过大量闲谈。我们对分析机的一切了解都来自洛夫莱斯的论文以及解读巴贝奇留下的大量笔记和图表。我以业余心理学家的角度通过这些补充说明分析，猜测他希望等想象中的分析机达到完美，再冒险公之于众。一个致命的习惯！无论出于什么原因，正是洛夫莱斯的注释以及她的哲学，将通用计算机的愿景带向了未来。

✿ 当然，洛夫莱斯最初的认知正是计算机科学的根本：通过按照规则操纵符号，任何类型的信息——不仅是数字——都能通过自动程序操作。

除数字外，（机器）也能对其他事物发挥作用。如果发现一些对象的关系可以用抽象的运筹学表示，那么它们应该也很容易改写成分析机的运行符号和操作机制。例如，假设声学和音乐作品中的音调之间的基本关系允许这样的表达和改写，那么这台引擎或许就可以谱写出任意复杂程度或长度的精巧且科学的音乐作品。

使**机制**能够以**无限的多样性**和范围将**一般符号**组合在一起……

在**数学科学**最抽象的分支中，**物质的运作**和抽象的心理建立了一种统一的联系！

这台**机器**能够分析**宇宙中的所有对象**！

为未来的分析发展出一种崭新、辽阔且有力的**语言**，在其中运用它的**真理**！

几乎是……

诗化的科学。

✤ 在逻辑数学化之前的时代（布尔那本《思想规律的研究》还要再过 10 年才诞生），这是想象力真正超凡的飞跃——或许，对生活在计算机化时代的我们而言，很难再真正领会到这有多么不同凡响。巴贝奇没有想过用他的机器运算数字之外的范畴，但是，他喜欢洛夫莱斯所说的"对分析机的令人钦佩的哲学观点"——"我越读你的注释，就越为它们惊讶，并且后悔没有早点探索如此丰富的最高贵的金属矿脉。"（我相信，洛夫莱斯以音乐为例不仅在于她专注音乐理论，还因为她以抓巴贝奇的痛脚为乐。众所周知，巴贝奇痛恨音乐——如果漫画家可以大胆猜想的话。）

✤ 在 19 世纪 40 年代中期洛夫莱斯写给母亲的信中，有一个关键片段，她写道："你拒绝承认我是哲学诗人。颠倒它们的顺序！你可以说我有诗意的哲学、诗意的科学吗？"

埃达提议缔结智识的合作关系。

查尔斯·巴贝奇，**我的大脑**将为你服务！！

你**将会**造出这台机器！

而我……

将成为它的**女祭司**。

然而，黑暗的力量，唉，开始在洛夫莱斯夫人身上发挥作用……

没人知道在我那瘦弱的系统里，还有什么尚未被开发的可怕精力和能量！

拜伦的魔鬼血统开始露出獠牙，埃达被疯狂、赌博、成瘾，还有"诗兴大发"等谣言笼罩……尽管拜伦夫人已经采取了种种预防措施。

鸦片酊

由洛劳克医生准备

I.O.U.

尽管如此，
洛夫莱斯和巴贝奇
依然是最好的朋友。

✿ "我最好还是继续仅仅充当巴贝奇引擎的女祭司，忠实地以学徒身份服务。"（洛夫莱斯在1843年写给母亲）"可怕精力和能量"这句对白出自洛夫莱斯在1843年写给巴贝奇的一封信。

✿ 内维尔夫人在她的回忆录《历经五朝》中写道："我听说，洛夫莱斯表现出了一些诗意。我并不确切地明白这种描述可能意味着什么。"以我个人对洛夫莱斯夫人的了解，我猜这表明她面色忧郁，并且穿得非常糟糕。

✿ 我们主人公的剪影正行走于位于萨默赛特的阿什利峡谷的洛夫莱斯庄园的露台上，为了纪念巴贝奇，这段小路又被称为"哲学家之路"。1849年，洛夫莱斯对巴贝奇表示："你可以养一匹小马，这样一来，除了在露台上的哲学家之路，你就不用再走路了。"[19]

附带译者补充说明的《分析机草图》是埃达·洛夫莱斯发表的唯一一篇论文。在文章发表几年后，她因癌症去世，终年 36 岁。

巴贝奇从没完成任何一台他的计算机。他在 79 岁那年含恨去世。

直到 20 世纪 40 年代，第一台计算机才问世。

……等等!

这个洛夫莱斯和巴贝奇的故事结局只是无数种可能结果之一,发生在一个更无聊的世界里,但那只是一部分……

多元宇宙!

本书剩余部分发生在特殊的宇宙中。那是一个人工创造的、具有某些特殊属性的**袖珍宇宙**，起源于以下情况：

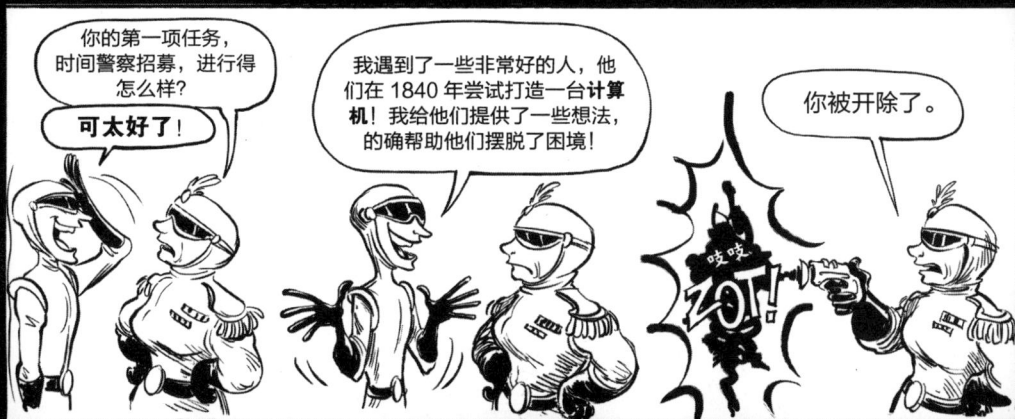

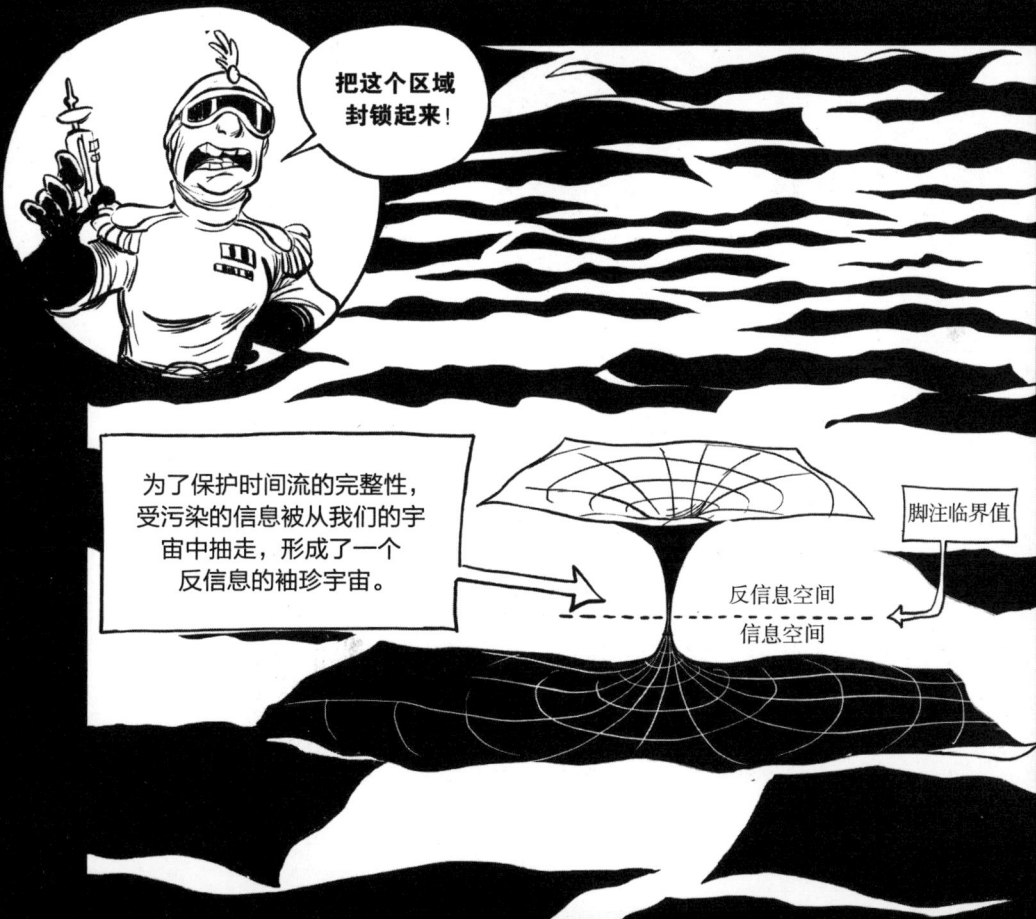

你的第一项任务，时间警察招募，进行得怎么样？

可太好了！

我遇到了一些非常好的人，他们在 1840 年尝试打造一台**计算机**！我给他们提供了一些想法，的确帮助他们摆脱了困境！

你被开除了。

ZOT!

把这个区域**封锁起来**！

为了保护时间流的完整性，受污染的信息被从我们的宇宙中抽走，形成了一个反信息的袖珍宇宙。

脚注临界值

反信息空间

信息空间

……如此这般，形成了一个洛夫莱斯和巴贝奇完成了分析机的袖珍宇宙。
他们自然而然利用这台机器去
进行惊心动魄的冒险 ✤ 打击犯罪！！！

✤ 洛夫莱斯，巴贝奇，还有差分机，尽管在他们的时代遭遇了挫折，但在我们这个架空历史宇宙 /
极客亚文化 / 被称为"蒸汽朋克"的神话般的设计美学中，他们扮演着重要的角色。像蒸汽朋克这
样注重时尚的文化，将洛夫莱斯和巴贝奇奉为偶像其实颇具讽刺意味，因为据记载，他们是 19 世
纪穿得最差的两个人。就像一份原始资料中记载的："埃达夫人……对自己的穿着非常漫不经心，
看起来都不如她的女仆得体"（《纳撒尼尔·霍桑和他的妻子》，第 2 卷，朱利安·霍桑，1884 年，
第 139 页）。还有一份记录："巴贝奇……一身奇装异服……"（《执政官的罗曼史》，詹姆斯·米尔
恩，1899 年，第 42 页）

不过，他们对"犯罪"有各自的另类定义。

街头音乐！

诗歌。

尾注

1. 乔治·戈登，拜伦勋爵，在他的叔祖父"邪恶勋爵"拜伦和他父亲"疯杰克"拜伦去世后，意外地继承了拜伦的头衔。如今，"诗人"的称谓意味着某些相当谦逊和讲究的事情——拜伦用诗创作历史小说，这些轰动一时的畅销书充满了才华横溢的尖刻智慧和深遭误解的非正派主角。再加上他超凡脱俗的容貌和魅力以及对各种性行为的偏好，拜伦的名气堪比十个现代名人加起来的总和。你必须将猫王和切·格瓦拉时髦的政治激进主义结合起来，同时再把知识分子的精神高度与罗曼·波兰斯基丑陋的性丑闻整合在一起，才能对拜伦的名声有所领悟：拜伦夫人创造了"拜伦狂潮"这个词，来形容环绕在她丈夫身边的这份狂热。

　　作为一个名人、疯狂的天才及离经叛道的性爱之神的女儿并不是件容易的事情。埃达·拜伦的成长受到全国人民的监视，有时候似乎是为了寻找疯狂、天才和性癖的迹象。她将会满足以上全部期待。

2. 在繁衍生息之后，拜伦一家就分道扬镳了哈哈哈……嗯哼。拜伦夫人在埃达满月的时候离开了她的丈夫；受一桩丑闻的影响，拜伦很快离开了英国。他们的分离是那么痛苦和臭名昭著，令哈里特·比彻·斯托，这位因创作《汤姆叔叔的小屋》闻名于世的作家，都忍不住在50年后，所有人去世时，为捍卫拜伦夫人而写下激烈的辩论文章。比如他说/她说：生下埃达那晚，安娜贝拉称，她那不稳定的丈夫就在楼下的房间，怒气冲冲地将酒瓶子朝着天花板砸。拜伦的朋友约翰·霍布豪斯反驳称这是无稽之谈，或许拜伦只是放纵了他的旧习，用拨火棍打碎苏打水瓶，导致软木塞冲撞到屋顶。

乔治·戈登，拜伦爵士，重度氧化
（版画。氧化的默默无闻的拜伦）

拜伦死于一场神秘的高烧和19世纪的医学治疗，他曾在36岁——这也是他的女儿在20多年后去世时的年龄——为希腊独立而战。他去世时埃达9岁，根据拜伦夫人的说法，她尽管从未见过自己的父亲，但还是为此"大哭一场"。

3. 拜伦勋爵和妻子一样担心埃达的潜在倾向："最重要的，我希望她不要充满诗意：为这些好处，如果能称之为好处的话，付出的代价高到让我祈祷我的孩子能摆脱它们。"拜伦夫人和埃达都写诗，这是一种维多利亚时代的流行技能——我相信，"诗意"在这里是一种指代精神疾病的委婉说法。有人——其中最重要的是《与火接触》的作者心理学家凯·贾米森——指出拜伦、他的祖先们以及埃达本人都患有双相障碍（躁狂抑郁症），这种疾病确实可以遗传。拜伦夫人特别关注遗传性精神疾病，这不由令人好奇为什么她会嫁给"疯杰克"拜伦的儿子。或许，是一种实验吧。

4. 在拜伦夫人的进步知识分子圈子中，威廉·弗伦德（1757—1841）本来就很有名气。他支持中央集权，并且在政治上很激进，因为提倡宗教自由而被剑桥开除。尽管在政治上表现激进，弗伦德作为数学家的态度却非常保守，不仅写了一整本代数学著作（《代数学原理》）反对使用负数，甚至还创作了讽刺滑稽剧奚落数字"0"的使用。他的引语"我们渴望确定而非不确定，科学而非艺术"出自其对在代数学中使用未定义的一般符号而不是纯粹数字的反对，这是19世纪20年代至19世纪30年代数学界一个非常重大的论题。洛夫莱斯建议使用巴贝奇的差分机处理一般符号，可以说是非常激进的想法。

5. 这里可以很好地面对如何称呼我们的主人公这一令人担忧的问题。出生的时候，她的名字是奥古斯塔·埃达·戈登，因为她的父亲是乔治·戈登，拜伦勋爵。她被亲切地称为埃达·拜伦（省略了"奥古斯塔"，因为她是以拜伦的异母姐姐命名的，拜伦和后者……哦，天哪，实在是太复杂了）。她在19岁的时候嫁给了威廉·金，成为奥古斯塔·埃达·金；随后，她的丈夫在1838年成为洛夫莱斯伯爵，因此，她也就相应地变成了奥古斯塔·埃达·金，洛夫莱斯伯爵夫人，或者洛夫莱斯夫人。埃达·洛夫莱斯这个称呼是相当不正确的，但是一直以来每个人都这样叫她。

6. 在维多利亚时代的英格兰，人们彼此认识——奥古斯塔斯·德摩根是威廉·弗伦德的女婿。洛夫莱斯二十多岁时，师从德摩根，上类似函授的课，在这之前还在新伦敦大学学院学了数学课程，德摩根在那里担任数学教授。弗伦德的创新精神就同其他数学家一样，很保守，但他在现代代数学和形式逻辑的发展中有重要地位。德摩根不知不觉成为原始计算机发展史中强有力的沟通者——他还是查尔斯·巴贝奇的朋友和乔治·布尔的支持者，后者无意间创造了如今成为计算机逻辑基础的系统——布尔代数。

7. 当然，我们会看到更多关于查尔斯·巴贝奇的内容，但这仍是个做简短传记的好地方。他是一个非常富有且脾气非常坏的德文郡银行家与其卓越又仁慈的妻子的儿子。他很早就对数学表现出兴趣，在剑桥时成为分析学会的创始人之一，那是一个为拥护新型和创新型数学的学生创建的数学俱乐部。在剑桥，他还遇到了挚爱的妻子乔治娜·惠特莫尔，并且不顾父亲的反对和她结婚。

除了愚蠢之外，似乎无从解释他父亲反对这桩婚事的原因。这对夫妻生了 8 个孩子，只有 3 个活到了成年，这是 19 世纪的家庭中非常常见的悲剧。1827 年，乔治娜在生产中去世，年仅 36 岁；在这灾难性的一年里，巴贝奇还失去了两个儿子和他讨厌的父亲，但后者至少留给他一笔巨额遗产。1828 年，他被任命为剑桥卢卡斯数学系主任，就任 10 年后，为了专注于计算机，他辞去此职位。

巴贝奇漫长、辉煌且多变的事业——在人寿保险、数学、计算机、写书和创建社团领域——同时具有创新的天才、持续的戏剧性和奇怪的琐碎争吵等特征。就像查尔斯·达尔文曾经指出的："我听到了一份关于丹·罗德里克和巴贝奇之间起冲突的报道，觉得很有意思——多么令人遗憾啊，后者竟如此不可救药，如果有人这么称呼计算机的话，未免太傻了。"

晚年，巴贝奇变得脾气暴躁，并且因为他对街头风琴手条件反射般的反对而声名狼藉。这或许解释了为什么如今他在人们的记忆中是一个难相处的反社会者。实际情况恰恰相反，他是个彻头彻尾的外向之人，并因他的聚会和迷人的怪癖而出名。同时代的人对巴贝奇进行了许多描述（远远多过对洛夫莱斯）——每个人都谈到了他"巨大的能量"、爱社交的天性和独特的人格。"在我对他的采访中，"弗朗西斯·利特·霍克写道，"他既顽皮又深刻还务实，总是充满热情，也始终能说会道。"巴贝奇散漫的自传《一位哲学家的生平》极具娱乐性，你看完这本漫画后应该立即去读那本书。

查尔斯·巴贝奇
平版印刷 出自《36 名在世科学家的肖像和照片集》（我注意到这位画家在他的前额处和我用了一样的高光）

8. 哦，亲爱的，巴贝奇会多么讨厌这个玩笑啊！关于挪用差分机的资助金给分析机的暗示简直让巴贝奇烦透了。然而，我还是要把这个玩笑留在这里，因为他因政府资助金而感受到的痛苦对其一生造成了巨大影响，如果对此一无所知的话，就不可能理解巴贝奇。正如你所想，政府资助蒸汽软件IT 项目的完整历史冗长而复杂，但是，长话短说：在 19 世纪 20 年代，英国政府为巴贝奇拨了一系列金额相当可观的款项来制造差分机——一台能够计算和打印数学表册的大型机器。巴贝奇和一组工程师开始工作，并且打造出一个模型，但总会出现这样那样的问题（巴贝奇是一位杰出的发明家，却是一个非常糟糕的项目经理），几年时间过去了，仍不见差分机有任何完成的迹象。与此同时，巴贝奇想出了分析机，并转而将大量精力投入其中。然而政府已经对此感到厌烦，停止了对他的资助，将整个烂摊子一笔勾销。政府为一台从未存在过的计算机共计花费了 17000 英镑：正如人们常常指出的，这是两艘战舰的价格。从那以后，巴贝奇自然发现，再也无法说服任何人投资他的分析机了。

对于曾不道德地将政府拨款挪为自己或分析机所用的哪怕最微小的暗示，巴贝奇都异常敏感，还为此给各种出版商写了许多言辞激烈的否认信。他的愤慨还导致了一场和洛夫莱斯的奇怪争端，这将会在本书稍后的章节中出现。我很同情他。开发地狱已经激怒了许多比查尔斯·巴贝奇更随和的灵魂。

玛丽·萨默维尔
几乎每个方面都堪称完美

9. 我不得不在书名后加上确保精准的"（原文如此）"。因为《1851年博览会》是关于万国博览会的。正如《力学杂志》怒气冲冲的评价：巴贝奇先生像小贩一样兜售展览（或者说是博览会，但只有他一个人坚持这么称呼它）的行为之所以尤其令人遗憾，部分是因为书中内容根本和展览没有关系，这本书完全是为了提振他的名气才写的。但话又说回来，因为他的名声已经救无可救了，他这么叫卖，倒也称得上适宜。

巴贝奇的声誉"已经救无可救"或许听起来令人惊讶，因为对那些喜欢草根发明家故事的人来说，巴贝奇不过是个默默无闻的嘲弄对象。实际情况远非如此——富有且有名望的巴贝奇先生是他那个时代中最著名的人物之一，他的名字是天才的代名词。这有点儿像他的继任者——卢卡斯数学教授史蒂芬·霍金。一位同时代的人称巴贝奇比牛顿更有名："因为计算引擎这一项目，牛顿的卢卡斯数学教授席位的继任者，巴贝奇先生周身的光环更甚于其伟大前辈，这是他的幸运。"（《平行历史》，菲利普·亚历山大·普林斯，1843）

10. 我很感谢《伦敦书评》的利娅·普莱斯提供了维多利亚时代的速记图片。当时"反主流文化的早期采用者"——记者、科学家、自学者——使用的工具，品质几乎可以媲美小型器械。速记成为一种处理来自印刷品和公开演讲日益增长的信息洪流的方法。鉴于其进步性和科学性，毫无疑问将非常适合洛夫莱斯的教育。洛夫莱斯经常参考"誊写"从朋友那借来的科学书（这些书籍罕见而且昂贵，她自己买不起几本）中的段落，大概就是采用的速记。顺便一提，那个时期的速记呈现出迷人的密码外观——正如选自托马斯·格尼的《简写法：或者，一种简明扼要的简写系统》（1835）的图片所示：

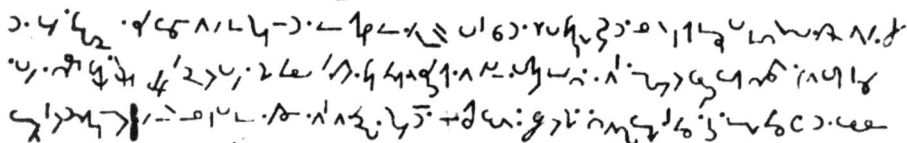

（陛下对议会两院的首次演讲。）

11. 玛丽·萨默维尔的学业拖延得更厉害——她的第一任丈夫不赞成妇女学习数学，所以直到第一任丈夫去世并嫁给了一位更有同情心的男士，她才能从事正经工作。她的第一部作品直到五十多岁才出版；但是作为弥补，在89岁高龄时，她出版了最后一部书：《论分子与微观科学》。她对皮埃尔·西蒙·拉普拉斯极为复杂的《天体力学》改造性的翻译——就像洛夫莱斯后来在分析机的论文中完成的工作——充满了扩充评论和图表。拉普拉斯告诉她："只有三个女人理解我，那就是你——萨默维尔夫人，卡罗琳·赫歇尔，以及我对其一无所知的格雷格夫人。"萨默维尔的第一任丈夫正是格雷格先生，所以实际上三个女人中有两个都是她！

12. 另外一位访客（如果你一定要知道的话，正是弗雷德里克·波洛克，《侵权法》的作者）回忆道："当然，人们总是在那些聚会上遇到各种各样的名人——政治家、科学界和文学界的显要人物、演员，以及纯粹的时髦和有地位的人。客厅里经常有在科学方面具有创新性或者重要性的东西，而且巴贝奇是一位活跃且无处不在的主人。唯一的点心是茶和黑面包切片，还有品质卓越的黄油。"（我猜，或者至少说我希望，当时是自带酒水。我至少需要喝一杯，才能和巴贝奇宴会上一半的人交谈。）

13. 关于巴贝奇的银女士的完整故事，来自他的自传：

> 在我的少年时代，妈妈带我参观了很多机械展览。我对在汉诺威广场看到的那场展览至今记忆犹新，主办是一位自称梅林*的人。我实在是太感兴趣了，展出者评论了当时的环境，对部分公众可以接触的作品进行解释后建议母亲带我去他的工作室，在那里我能看到更多奇妙的自动装置。于是，我们登上了阁楼。那里有两座没有遮盖的银制女像，每座高约 30 厘米。

> 其中之一……是一位令人钦佩的女芭蕾舞蹈家，在她的右手食指上有一只小鸟，正张着喙摇晃尾巴、扇动翅膀。这位女士摆出了最迷人的姿态。她的眼中充满了想象力，令人难以抗拒。

> …………

> 她的命运独一无二：制造者去世后，她和其他机械玩具收藏品一起出售……被毫无遮盖地放在一个人迹罕至的阁楼里，然后被彻底遗忘。在（她）被拍卖的时候，我……再次遇到了当年渴望的对象。……我亲自维修，恢复了银女士的全部机械装置。随后，她便以这个名字被我的朋友们知晓。我把她放在客厅里一个带基座的玻璃罩子里，在那里，她以自身沉默但优雅的姿态，接待了那些珍贵的朋友。

没有人知道银女士后来的情况如何，但是你能在靠近达勒姆的鲍斯博物馆里看到一只由梅林打造的动作优雅的发条银天鹅。巴贝奇那时一定非常年幼——梅林在巴贝奇 11 岁那年去世。

14. 埃达在萨默维尔家中举行的一次晚宴上首次遇到巴贝奇**；几周后，她前往巴贝奇家做客。

15. 巴贝奇在《第九篇布里奇沃特专著》中提出了他的奇迹理论——一位黑客上帝在创世之前为宇宙的正常运行编写了程序。他关于宇宙的上帝程序员观点令大多数人备感困惑，同时也让一些批评家啼笑皆非——"冒昧地说，有些部分太像要在世界的创造者和计算机的创造者之间建立某种类比了。"（《英国评论家，季度神学综述和教会记录》，1837）

16. 巴贝奇和洛夫莱斯经常在当代逸闻中成对出现，有些你可以在附录中看到。他们的性格很像——以自我为中心、天真、充满热情，而且偏执——在维多利亚时代的古板社会里一直不太合群。有些人可能会好奇：他们之间有什么浪漫韵事吗？我们有理由相信这确实发生过，这个理由就是，这样想实在是太有趣了。然而令人遗憾的是，这也是唯一的理由。在他们的通信中，找不到任何关于浪漫韵事的线索，而且他们也不是世界上最狡猾的人。当然了，有一次巴贝奇给洛夫莱斯写信，说将去看望她和她的丈夫，还仔细考虑了"那个可怕的问题——三具身体，"但即使是

---

* 他自称梅林，因为他就叫这个名字——约翰·约瑟夫·梅林（1735—1803）。他是一位住在伦敦的比利时发明家，专门研究银质自动装置和复杂的时钟。他为乐器制作改良键盘，还制造了改良管风琴——巴贝奇晚年一直和这件乐器纠缠不休。他还发明了滑冰鞋：

> 他的独创发明之一是一双靠轮子前进的冰鞋。靠着这些和一把小提琴，他混在形形色色的人群中进入了卡莱尔夫人家的化装舞会。由于缺少减速或者控制方向的手段，他撞向了一面价值超过五百英镑的镜子，将镜子和他的器械撞得粉碎，但受伤最严重的还是他本人。（《音乐厅和管弦乐队逸事》，托马斯·巴斯比，1805）

** 巴贝奇很有可能在洛夫莱斯小时候就知道她——他们的老朋友克罗斯夫人写道："巴贝奇很喜欢谈到拜伦的女儿：对他而言，她永远是'埃达'，因为她从小就被他抱在怀里，并且当她成为洛夫莱斯夫人后，他既是她的朋友，也是她的导师。"

我，也认为这只是夸张。

17. 我撒谎了，实际上是巴贝奇的儿子赫舍尔把设计资料借给了她。很难分辨究竟应该在脚注里补充哪些细节。

18. 埃达和丈夫之间的关系，就像她生命中的其他一切一样，阴郁且矛盾，并且每位传记作者都以截然不同的方式对此加以描绘。当然，她写给他的很多信都感情澎湃，甚至可以说饱含深情，但是作为一位维多利亚时代的女人，她本该完全依赖丈夫，而且强大的社会机器框架也会迫使她表现得像一位充满爱的妻子。洛夫莱斯伯爵给人留下了严肃乏味的印象，是非常典型的维多利亚时代的家长形象。有迹象表明，他可能对家人非常暴力：他的儿媳妇称"家人和朋友对他的畏惧远多于爱"。我们可以相当确定，埃达·洛夫莱斯至少有过一次外遇。不过，传记作家对洛夫莱斯勋爵是否也恪守婚姻誓言的问题毫不关心。好的一面是，他总是支持并鼓励埃达继续她的数学研究。

洛夫莱斯的三个孩子都怪异、迷人并且似乎都继承了母亲的焦躁不安。长子拜伦在 17 岁那年母亲去世后离家出走，直到 26 岁时因肺结核早早离世前，始终音信全无。事实表明，他一直在船上做木匠。爵士的头衔由次子拉尔夫继承，他是一位充满激情的登山者，被其同时代的人含糊地形容为"古怪的人"。他写了一本怪异的书，里面全都是为其外祖母离开拜伦勋爵的决定进行辩护的家信。因为拉尔夫 12 岁时的习惯，我对他有一种莫名的厌恶。埃达在 1843 年的一封信中抱怨道，他在生气的时候会猛拉矮种马的缰绳。

埃达唯一的女儿安妮，在 30 岁前一直过着安静娴雅的生活，随后她嫁给了一位诗人，威尔弗雷德·布伦特爵士，从此开启了充满狂野冒险的人生。她是第一位穿越阿拉伯沙漠的西方女性，和她母亲一样，是狂热的女骑手。她是阿拉伯马史上的一位超级巨星——欧洲和美洲 90% 的阿拉伯马的血统都可以追溯到她从中东带回的祖先。她的弟妹在回忆录里描绘出了一幅安妮的非凡肖像——"一位卓越的长跑运动员。""她习惯性骑着一匹未被驯服的马，然后在那一天'吊打'了训练有素的澳大利亚驯马人。这或许是她最引以为傲的成就。"毋庸置疑，她需要一本专属漫画。

19. 这封信还在继续——"别忘了你答应给这本册子做个新外封。这本可怜的册子非常破旧，并且想要外封。"这是最后几年，在巴贝奇和洛夫莱斯关于一本"册子"的书信往来之中，许多令人沮丧的暗示之一，两人似乎都参与了编写。对于"册子"内容的推测，从关于分析机到赛马赌注——就像赌注记记人的登记册那样——不一而足，我猜我们永远也不会知道了。

埃达，洛夫莱斯伯爵夫人，在《分析机草图》出版几年后罹患子宫癌。"我十分恐惧这种可怕的挣扎，我的恐惧根植于拜伦的血脉。我不认为我们能轻松地死去。"1851 年 10 月，洛夫莱斯在给母亲的信中写道。一如既往，洛夫莱斯有着可怕的先见之明。她与疾病进行了长达 14 个月的痛苦抗争，在距离其 37 岁生日还有两周之际去世。弗洛伦斯·南丁格尔在给一位朋友的信中提及了她的离世："他们说她本不可能活那么久，但是她的大脑有巨大的生命力，那是不会消逝的。"

The Countess of Lovelace

(Daughter of the late Lord Byron.)

袖珍宇宙

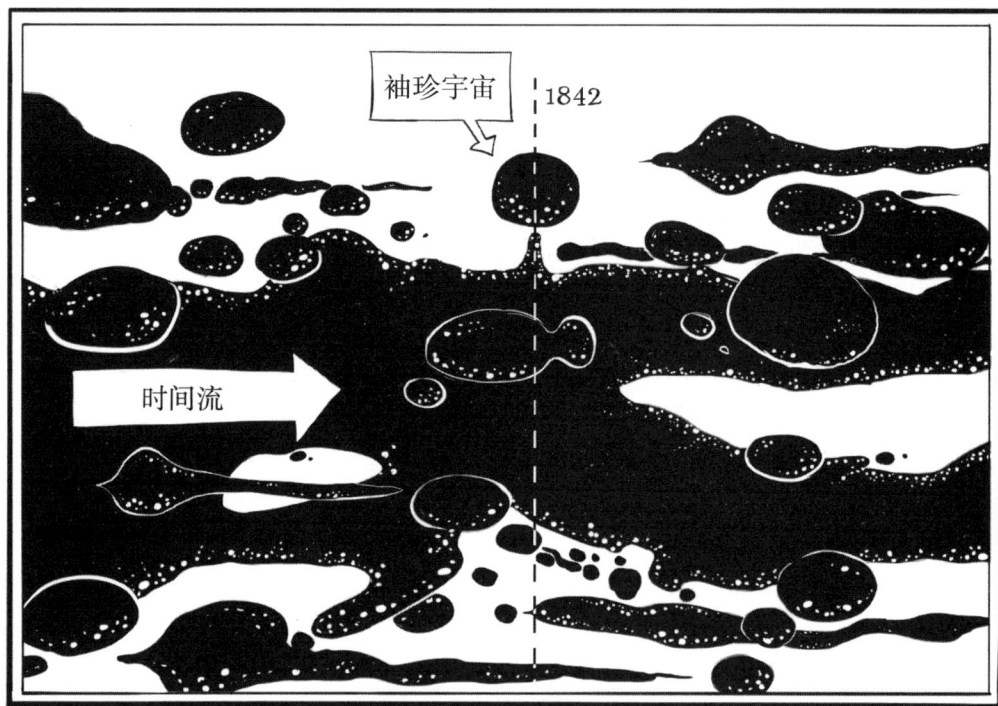

我们的局部多元宇宙

在《第九篇布里奇沃特专著》中，巴贝奇几乎实现了利用不同物理定律推测无限交替宇宙的可能性：

> 如果（万有引力）定律不是这样的话——例如，如果它是距离倒数的立方，弄清楚它的细节仍然需要付出同等的天赋和劳动。但是，在以距离的平方反比和立方反比呈现的定律之间，有着无数其他定律，每种都或许是一个系统的基础……到目前为止，人类没有任何证据表明这些定律不可能存在。每一种都有望——无论我们给出怎样的原因——成为不同于我们自身的造物的基础。

上演这部漫画的袖珍宇宙就是一个完全不同于我们自己星球的产物，并且自然而然地遵从其自身独有的定律。

1. 循环时间

袖珍宇宙是一个独立的时间体，时间流以循环的方式运行。[*]这或许可以表示为"当 Δ 增加时，Δ 减少"，或者"事物变化得越多，它们就越保持不变"。我相信这令这个袖珍宇宙中的 $1 = 0$[**]，也就解释了为什么巴贝奇在差分机中避免使用二进制。

在创建袖珍宇宙的过程中，一个小小的用户错误就会给时间循环带来明显的动荡。这会在事件顺序上引起相当大的混乱，以及其他混沌的时间现象。

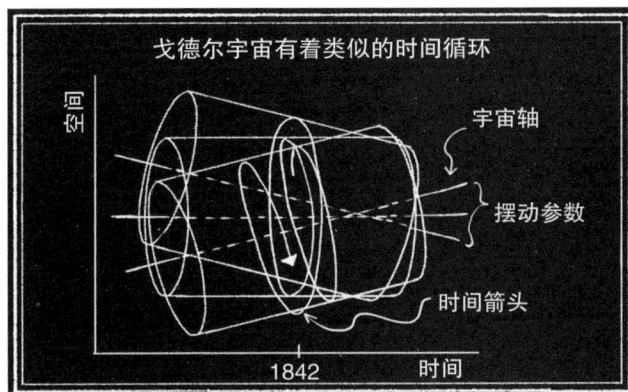

2. 信息守恒

当前的宇宙学理论认为，宇宙的终极组成成分不是物质或能量，而是信息。由于预算有限，时间警察用于存储形成袖珍宇宙的信息的空间十分有限，因此利用高级数据压缩技术降低宇宙文件的大小。有些数据的丢失已经被视为可接受的，包括以下各项：

✿ 颜色信息可以被丢弃，由此节省超过 66% 的宇宙文件大小。

✿ 无论如何，我们的宇宙中有大量时间被浪费在毫无娱乐价值的过程中。幸运的是，在删除其间无聊的部分后，袖珍宇宙作为一系列静止的画面可以相当连贯地运行。

✿ 在我们的宇宙中，颗粒级别的细节被定义为普朗克长度或 $1.61619926 \times 10^{-35}$ 米。这个尺度的细节在袖珍宇宙中被视为无关紧要，尤其是在背景中。

✿ 最后，一个完整的空间维度已经被束之高阁，只留下两个空间维度和一个时间维度。

3. 娱乐价值

袖珍宇宙的基础定律或许可以被表述为：

$$E = mc^2$$

其中 E 代表娱乐价值。查尔斯·巴贝奇和埃达·洛夫莱斯如此有趣，毋庸置疑是袖珍宇宙中最大的明星。与此相反，洛夫莱斯的丈夫——洛夫莱斯勋爵，在对其进行过详尽的调查后，我认为他的娱乐价值，或者说 E 值为 0。根据上述公式，他的质量或者光速必须有一项为 0，然而如果光速为 0，那么你将无法看到这部漫画。

---

[*] 这应该令库尔特·戈德尔很高兴，他在 1949 年建立起有关存在此类系统的学说。他使用了"闭合类时间循环"这一术语，虽然对此我完全无法理解，但还是觉得听起来相当酷。

[**] 在量子计算机中，1 实际上就等于 0，信息以被称为"量子位"的叠加状态储存。这种模糊不清的状态，就像这本漫画中包含的大多数信息一样，一直持续到受到严密审查，然后就崩溃了。

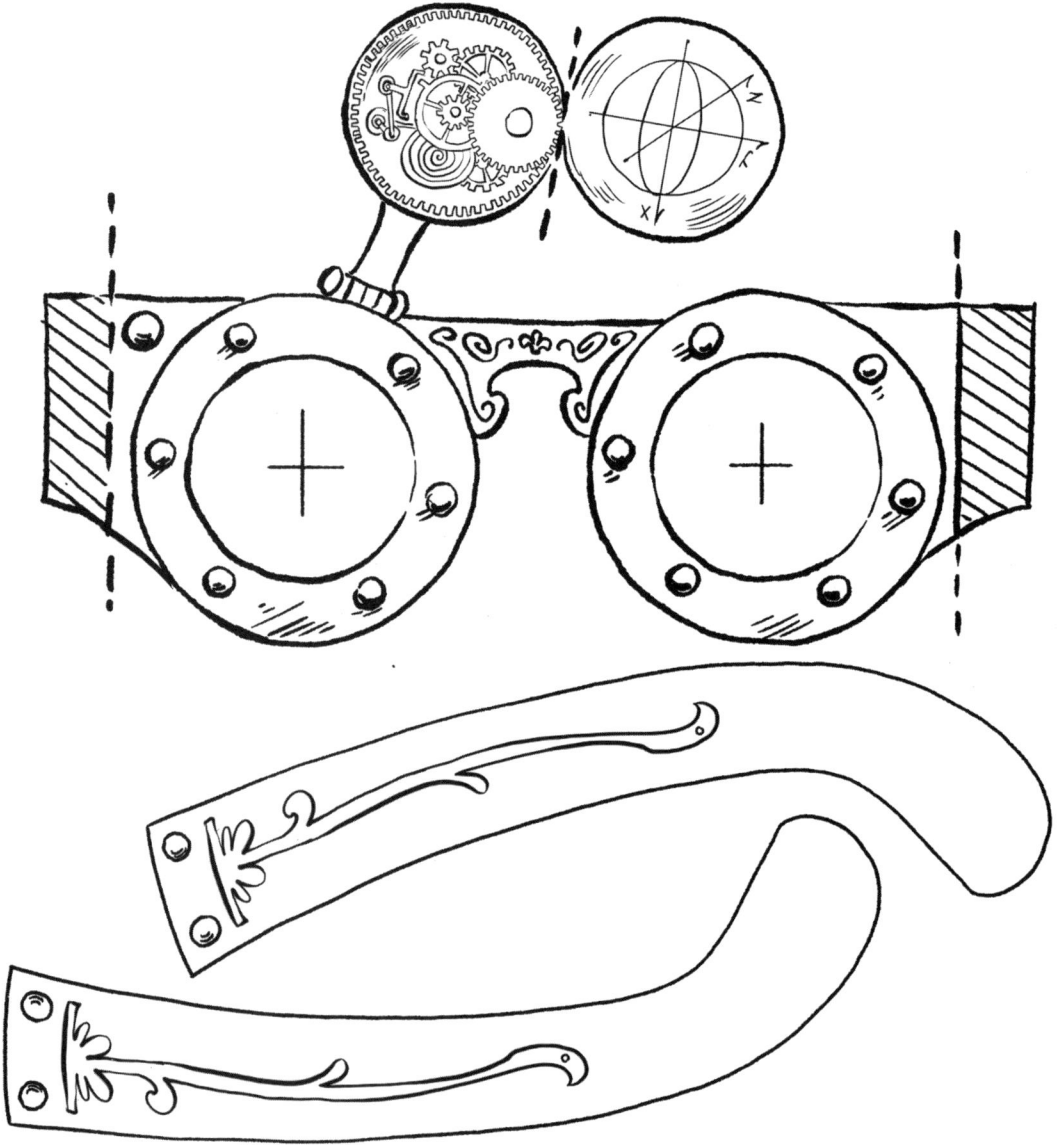

一旦确定你在第二维度中的位置，就有可能进入**第一维度**！

为了执行这番冒险的操作，最好穿上防护服，避免累赘的衣服可能被突出的**三维异常现象**钩住！

把漫画放在一个完全水平的平面上。

将视线精确地对准漫画的0度角。

0°

从第一维度中看到的漫画（模拟[＊]）

＊ 第二维度的小痕迹是模拟这个页面存在所必需的。

与此同时……

……在一个
袖珍宇宙……

来自
波洛克的人

啊哦。

我的杰作！在幻想中！数千行！

KNOCK
咚咚

KNOCK
咚咚

走开！

✹ 根据本人的说法 [1]，这个来自波洛克的臭名昭著且神秘莫测的人打断了塞缪尔·泰勒·柯尔律治正在进行的《忽必烈汗：梦中幻象》的创作。

在德文郡的阿什农场的门口，一长串被提名"来自波洛克的人"的候选者排起了长队，从鸦片贩子到外国人不一而足，柯尔律治就是在那里写下了《忽必烈汗》。我相信，埃达·洛夫莱斯是最好的候选人，不仅因为她按照消灭一切诗歌的原则被抚养长大，而且她按照字面意思来讲也是来自波洛克——洛夫莱斯庄园 [2] 离这儿不远，步行可达，而且据推测距阿什农场也只有 3 千米远。

45

有些反对意见可能指出，她在本诗创作完成 18 年后才出生，但是这个反常现象很容易解释为袖珍宇宙中闭合类时间循环极度剧烈的摆动所致。

✿ 洛夫莱斯可能在威廉·弗伦德、奥古斯塔斯·德摩根和查尔斯·巴贝奇的指导下掌握了与人寿保险相关的最新数学概率知识 [3]，他们都为精算公司提供咨询服务。实际上，巴贝奇的第一本书就是

出版于 1826 年的《对各种生命保障机构的比较观点》，在孜孜不断追求创作更具准确性的漫画时，我阅读过这本书（好吧，草草翻过）。我注意到，巴贝奇甚至在写人寿保险的文章时，都必须以猛烈抨击业内所有人的夸夸其谈作为开篇。

✿ "微死亡"是死亡风险的一种度量标准。想象一下，在一个口袋里装满一百万颗球，有些是绿色，有些是紫色。你在任意指定日期内死亡的概率，可以理解为你随机选择时拿到紫色球——一次微死亡——的概率。以跳伞为例，这项运动会向你的每日口袋中增加七颗紫色球，或者说七次微死亡（来自卡内基梅隆监管研究和发展中心；我发誓，死亡的紫色球是他们的说法）。

✿ 在写完这篇花絮后，我惊讶地发现了一项 2003 年的研究：《缪斯的代价：早逝的诗人》（詹姆斯·C. 考夫曼，《死亡研究》，第 27 期），该研究发现，诗人确实明显比其他作家短寿。诗歌作者比写作非小说类纪实作品的作者平均早逝 6 年，而各种类型的作家比普通人少 2.5 年的寿命。我自己做了一些精算统计，并且计算出一些重要的浪漫主义诗人的平均寿命是 47.2 岁（约翰·济慈和拜伦在这条曲线之外，他们分别在 25 岁和 36 岁时去世）。判断诗歌缩短他们寿命的程度，取决于你是将他们与生活在 1830 年的普通英国人（47.1 岁）相比，还是以收入前 10% 的人作为参照，后者的平均寿命是 51 岁。无论如何，柯尔律治打败了概率，他活到了 61 岁。

尾 注

1. 正如柯尔律治本人在给《忽必烈汗》作的序中写的那样（我不知道为什么他以第三人称谈论自己）：

> 醒来时，他似乎对一切都还有着清晰的记忆，于是拿起钢笔、墨水和纸张，持续不断地、热切地写下尚保存在脑海里的台词。不幸的是，正在这时，有个从波洛克来出差的人大声叫他，并且耽搁了他一个多小时。当他再次回到房间后，令他吃惊且窘迫的是，尽管依然对那番情景的主旨大意保有一些模糊暗淡的印象，但是除了 8 到 10 句台词以及若干画面外，其他一切烟消云散，就像冲着浮在溪流表面的图像丢了一颗石子。唉，后来再也没有恢复！

2. 最起码是洛夫莱斯的财产之一。洛夫莱斯勋爵有三处房产，以及一座巨大的伦敦宅邸。在一封写给迈克尔·法拉第的信（这封迷人的信可查阅附录 I）中，巴贝奇形容阿什利峡谷"是一处浪漫的地方，位于距离有邮局的城镇波洛克 3 千米外的岩石海岸"。房子本身已经破败成废墟，但是你能在如今被称为西南海岸小径中的一段特别可爱的地段看到一些残垣断壁。值得一提的是，你能在路上看到洛夫莱斯勋爵修建的奇怪隧道，据说这样他的视野就不会被路上往来的商人玷污。

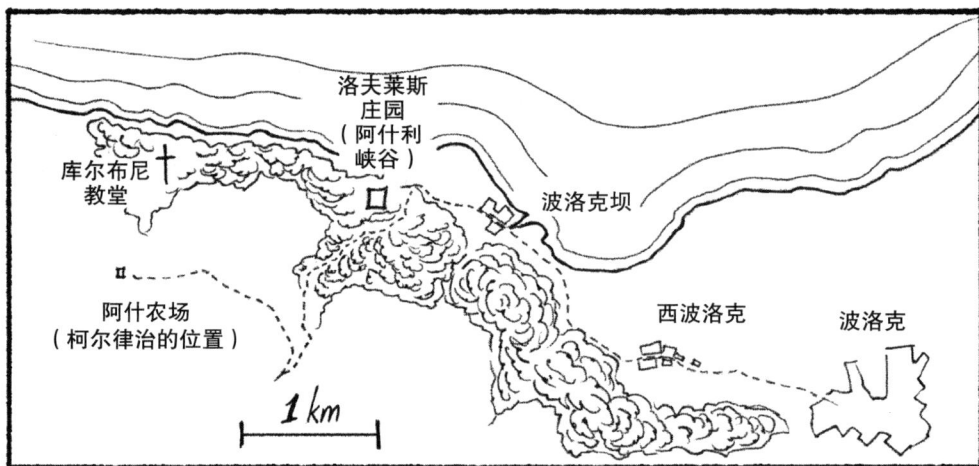

"忽必烈汗"事件和洛夫莱斯在波洛克的位置之间的距离是 3 千米 ×43 年，或在闵可夫斯基[*]空间中为 1.8225×1015 米。我并没有考虑地球在这一时期在太空中移动的距离，不过，其实也没关系。

3. 巴贝奇关于保险精算最著名的陈述是针对阿尔弗雷德·丁尼生爵士，关于他在 1842 年创作的诗歌《罪恶的愿景》中的以下段落：

---

[*] 赫尔曼·闵可夫斯基（1864—1909），将爱因斯坦的相对论转化为一维空间内的几何表达。"从此以后，空间以及时间本身都注定消失在阴影中，只有两者的结合才能保持一个独立的现实。"

你不可能因工作而得救：
你也是戴罪之人：
干枯叉子上的树干都毁了，
空心的稻草人，我和你！

将杯子装满，再将罐子装满：
在黎明前起床：
每一瞬间都有一个人死去，
每一瞬间都有一个生命诞生。

巴贝奇写给丁尼生（丁尼生的名字出现在巴贝奇宴会的宾客名单上）：

在你那首漂亮的诗中，有这样一句："每分钟都有一个人死去，每分钟都有一个生命诞生。"我几乎不须向你指出，这样的计算倾向于令世界的总人口保持在一个永远平衡的状态，然而众所周知的事实是，总人口在不断增长。因此，我冒昧地建议在你那杰出诗歌的下一版中，把上述错误更正为："每分钟都有一个人死去，每分钟都有一又十六分之一个生命诞生。"我或许还要补充一下，确切的数字是 1.067，当然了，有些事实必须让步给诗歌的格律法则。

这件逸事只能追溯到 1901 年版丁尼生诗歌的脚注中，但可以肯定的是，丁尼生在 1850 年将"每分钟都有一个人死去"这句修改为更有回旋余地的"每一瞬间都有一个人死去"，这听起来的确非常符合巴贝奇的风格，而且我不得不说，想要分辨巴贝奇是否在开玩笑非常困难。

《罪恶的愿景》这首诗在巴贝奇的故事中还有另外一个角色：它的文本由密码学家约翰·思韦茨加密过，以此挑战巴贝奇关于自己可以破解牢不可破的维吉尼亚密码的断言。但是，巴贝奇成功解码，这是必然的！

洛夫莱斯 & 巴贝奇

VS.

愿上帝保佑女王陛下也就是

委托人！！！

陪同女王陛下的将是

威灵顿公爵阁下，巴斯勋章、嘉德勋章、皇家学会院士、大十字勋章等等

由公司表演以下有趣场景

*微积分的崩溃 *敲打式维护 * 巴贝奇先生的

非凡奶酪故事 *一场脚注的入侵*

演出的结尾将包含活泼的闹剧和

原始文件。

V.  **R.**

Drawn by A.E. Chalon, R.A.   Engraved by H.T. Ryall.

维多利亚女王在其结婚之际的平版印刷画，1840 年。
如果它看上去有些眼熟，那是因为这也是 A.E. 沙隆
的作品，那位画了第 39 页洛夫莱斯画像
的媚俗艺术家。

差分机……这台巨大的、迷宫般的、**伟大**的计算机依靠无穷无尽的操作保持运转，其复杂程度是任何人类智力都难以企及的！每一种机械动因都起了作用：齿轮、棘轮、螺栓、齿、钳、齿条、杠杆、楔子、螺丝——数量庞大，令人们的头脑因它们的细目而晕眩！

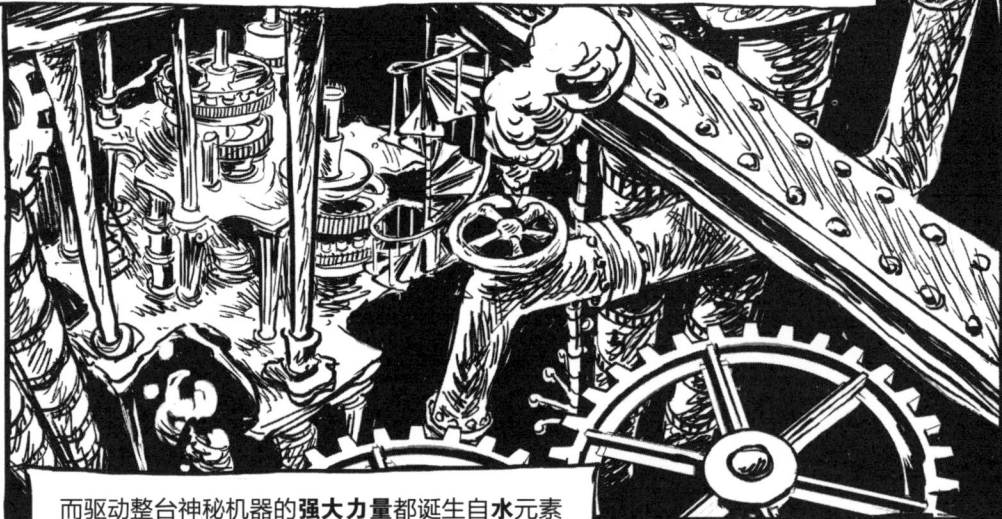

而驱动整台神秘机器的**强大力**量都诞生自**水**元素与**火**元素的狂暴结合——在人类聪明才智的利用下产生的……

……蒸汽！

✿ 这段对差分机的描述取自 1841 年的《星期六杂志》，只为了让你看到有多少冗长的漫画行话要归功于维多利亚时代的音乐剧。

差分机 2 号（巴贝奇的最终设计，科学博物馆的差分机即根据其而打造）有超过 4000 个活动部件——这里面还没有算上打印机。

✿一封洛夫莱斯写给巴贝奇的信，1848 年：

亲爱的巴贝奇：

　　我还没有成功地让你明白，你被要求在 18 日出席，瑞安被要求在 25 日出席——我实在无法想象，你为什么会将这两者混淆！——我们坚持让你 18 日来。但是，如果你想 25 日过来，那就来吧。——你啊，真是个思想混乱的哲学家！——我已经在第一张便条中解释得很清楚了。——为什么你还搞不清楚？

✿巴贝奇真的尝试过十进制日历吗？当然没有……他是十进制货币的理智支持者。十进制日历，以及十进制时间，在 18 世纪 90 年代令法兰西第一共和国理性世界的国民欢欣鼓舞。

✿ 克罗斯夫人在她那本充满了巴贝奇逸事的《我生命中最美好的日子》中，将巴贝奇位于曼彻斯特广场的宅邸描述为"作为一栋伦敦的房子，大而凌乱，有好几间宽敞的起居室，除了客厅，所有房间都塞满了书本、纸张和明显令人困惑的仪器；但是，这位哲学家知道每件东西在哪里。"很遗憾，原始建筑已经被拆毁了，不过，在伦敦马里波恩区多塞特街 1 号原址的位置有一块纪念牌匾。

✿ "据说她的脾气非常暴躁——真的是这样吗？考虑到她的出身，那并非不可能——我的脾气就是这样——就像你可能会预见的。"关于他从未谋面的女儿，拜伦爵士如此说道。我认为在他写下这些的时候，洛夫莱斯年仅6岁，正处在一个放纵的年纪。

✿ 仆人被抓到在清晨和上午的工作之间换衣服，这是比顿夫人建议的做法。

……以上帝和联合王国的恩典……

✿ 当仆人宣布你的出现时念诵的头衔列表被称为"称号"。在女王陛下的称号中，我省略了印度女皇，因为这个故事的背景时间是女王陛下统治早期。如果这个故事发生在 1876 年之后，她的称号就要变成"女皇陛下"。如果这个故事发生在法国，她的称号就会成为"英王陛下"。另外，如果这个故事发生在苏联，那么她就会被称为"维多利亚同志"，然后被枪毙。

✿ 威灵顿公爵的头衔和荣誉实际上共计超过 50 个，缩写头衔只是其中很小的一部分。马术勋章由梵蒂冈授予，为了防止伪造，那里最近颁布了一项法令。我很确定，哥本哈根的勋章是合法的。

早上好，忠实的臣民们！

欢迎，陛下！我们无法形容我们有多荣幸能——

请不必——你们如何看待朕并不重要，重要的是朕觉得你们怎么样！

的确是这样，夫人！

啊，这一定就是朕的差分机！

"你的"

的确是的，夫人！

✿本杰明·迪斯雷利，维多利亚女王最喜欢的首相，向我们暗示了对付亲爱的女王的最好方法："每个人都喜欢听恭维的话，当你见到女王后，要把她吹捧得天花乱坠。"

从出生伊始便享有盛名，度过令人窒息的孤独童年，而且有在单词下面加下画线以示强调等习惯，维多利亚女王和我们的埃达·洛夫莱斯有一些相似之处。然而，她们并没有相处的机会，"在某些方面，她确实看起来像是个难缠的人"，洛夫莱斯谨慎地描述道。

洛夫莱斯，一个受过良好教育的贵族，在第一次讲话时正确地称女王为"陛下"，此后称其为"夫人"。

✿实际上，洛夫莱斯确实思考过关于无限维度几何的问题。她在给导师奥古斯塔斯·德摩根的信中写道："我不由自主地想到，这种代数扩充，应该导致一种性质上类似三维几何的进一步扩展。而且这或许又会进一步扩展到某些未知的范围，甚至可能是无限的！"

　　"代数扩充"是 19 世纪 30 年代爱尔兰数学家威廉·汉密尔顿在复数方面取得的进展，由此将代数映射到二维场上。洛夫莱斯写下上述文字几年后，她提出的"进一步扩展"基由汉密尔顿发明的"四元数"实现了，将几何扩展到四维，而不仅是三维。

❀ 1833 年，洛夫莱斯在给母亲的信中写到了提花织机："这台机器让我想起巴贝奇和他那台所有机械装置中的珍品。"我相信，这是关于巴贝奇的引擎与穿孔卡片之间的联系的最早书面记录。

✿ 根据巴贝奇的自传所述，差分机正是根据 $\Delta^7 U_z=0$ 这个公式计算对数表的。

✿ 洛夫莱斯，摘自她给《分析机草图》写的补充说明。[1]

✿ 这是巴贝奇最不喜欢的关于他的引擎的问题。他有时将其归因于"女士们"，有时又归咎于"议员们"。漫画中提供了他经常被引用的答复。

✿ 洛夫莱斯的台词出自她给《分析机草图》写的补充说明。

✿ 欧仁妮皇后——拿破仑三世之妻——注意到，维多利亚女王就座时，从不回头找椅子，因为她从不怀疑，一定会有一把椅子送上——这就像对真正的公主的考验是床垫下的豌豆般确定无疑！

✿ 很多朋友经常在巴贝奇发表一些不明智的言论之前踢他的小腿以示提醒，但完全没用。他的朋友赫歇尔在阅读他的手稿《关于英国科学衰落的反思》（又名《亲爱的皇家学会的重要人物：你们全都是腐败的白痴》）后写给他："如果我在你身边，还能做到不伤害你并且你不会回击，我也会狠狠地扇你一个耳光。"（出自《哲学早餐俱乐部》，劳拉·J. 斯奈德，2012，第 132 页）

让我们开始展示吧!

好的!

……凭借这台机械装置,现在我们在**最复杂的分析操作**方面拥有了**无限力量**。

陛下,我将向您介绍——

差分机!

哐当

CHUNK!

✿ 关于电脑崩溃的第一个笑话出现在 1862 年的期刊《布莱克伍德的爱丁堡杂志》上，里面包含了一个从巴贝奇想象中的计算机扩展出的超乎寻常的幻想：

发现一切正常后，他拧上螺丝。一切都进展得很顺利，直到一记巨大的爆炸声，就在指示灯开始以数以百万计的庞大数字记录最后一个头部区域时，一切都停止了。从震惊中回过神来的巴贝奇先生仔细观察机器，发现积分和微分运算部分全都爆裂了！

整件事情都非常有趣，你可以在附录 I 中读到它。

叮当！ 叮当！ 叮当！ 叮当……叮当……叮当叮当叮当叮当

它总是这样的！

它从来不这样！

这是出现问题了吗？

完全不是的，夫人！
这根本不是问题，**自动防故障**、
即时啮合、**自动干扰机制**实际上正是
这台机器最具**独创性**的
特征之一！

哇哦！！

一如既往，令人钦佩的阐释，**我美丽的口译员**！

只不过转达了你的**才华**，巴贝奇。

我们真是**天才**！

我知道！

如果我可以打断一下……

✿确实是这样的：差分机更可能会卡住，而不是出错。也就是说，它就是以这样一种方式制造出来的：任何部分出现了轻微错位，整台机器就会停止运行。如果携带臂互相交缠，差分机也会卡住。我听说，那台收藏在加利福尼亚计算机历史博物馆的差分机就经常卡住。

巴贝奇以同样的方式设计了分析机，除非一切完美运转，否则也会立即停止工作。从这个意义上来看，这台机器和巴贝奇本人非常相似。

✿查尔斯·巴贝奇的传记包含了许多奇怪的事情，但其中最奇怪的或许当属关于一个种族的冗长梦境：它们生活在一个属性神秘、坚实且不断扩张的宇宙中。在经历了一系列题外话后会发现这个袖珍宇宙实际上是一片格洛斯特硬干酪，而其中居民——巴贝奇详细描述了他们的文明——奶酪螨，则是维多利亚时代奶酪中一种常见的小虫。这着实是对科学社会的精心讽刺，但人们还是必然会问：查尔斯·巴贝奇，那和你的自传有什么关系？

✿巴贝奇真的为他的机器设计了一个可以报错的弹出窗口吗？他当然这么做了！

　　　　如果助手出了差错，并且错误的对数被偶然地提交给引擎，那么它就会发现这个错误，同时发出响亮的铃声来引起主导者的注意，这时后者只要看过去，就会发现在他刚刚提交的对数上出现了一块金属牌，上面刻有"错误"字样（《1851年博览会》）。

　　　　几年后，巴贝奇称这阵铃声是"持续不断的"，我很确定，这会令假想中的助手非常满意。"引擎总是会通过不间断地响铃来拒绝一张错误的卡片，并且停止运行，直到给它提供它需要的准确的精神食粮。"

69

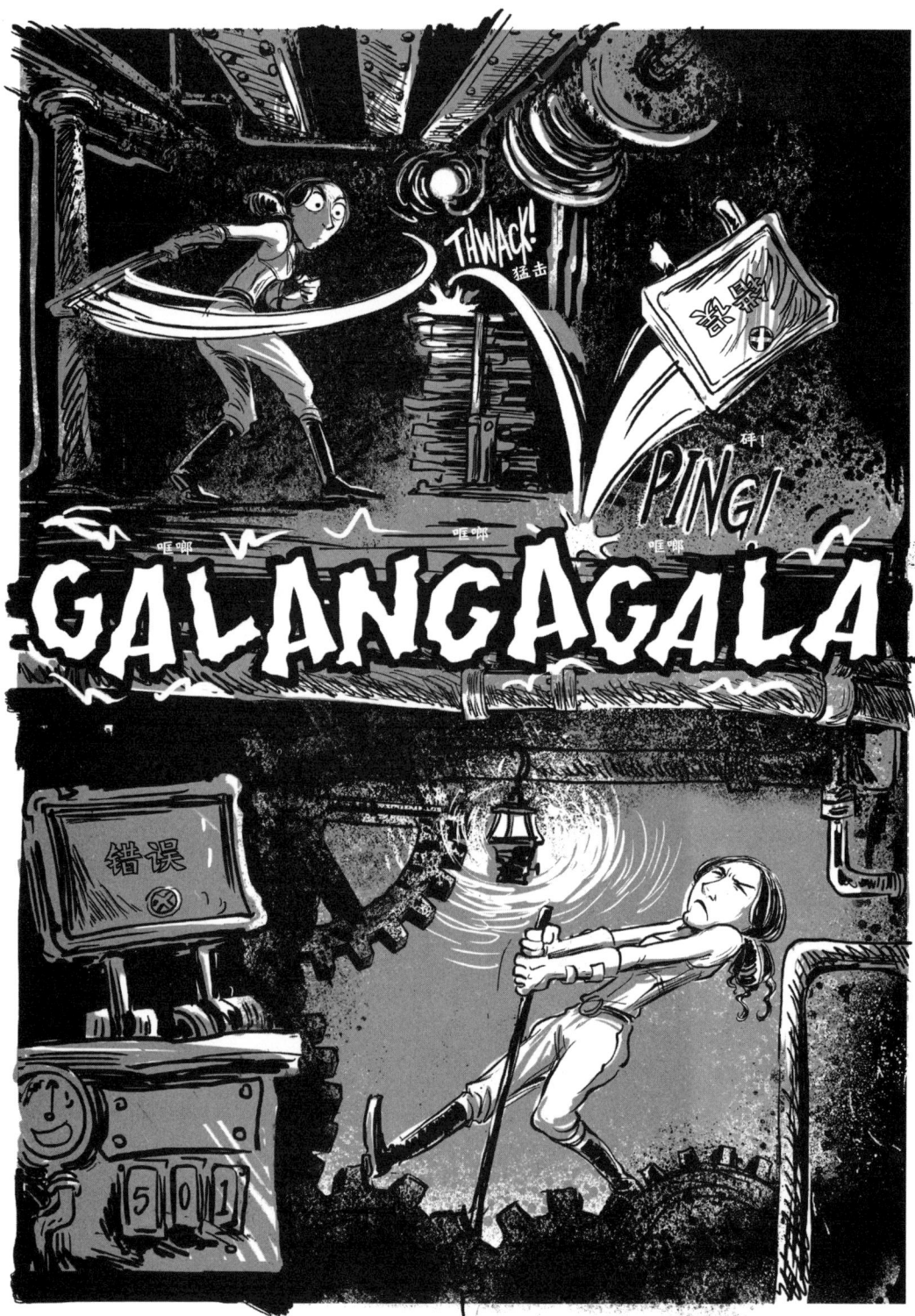

✿ 这方面的事实不多，所以我会再多给你讲一点巴贝奇的奶酪故事。我很感谢读者雷·吉夫兰指出，这是对维多利亚时代以奶酪螨为主角的神学讽刺体裁的早期——很可能是最早期——贡献。阿瑟·柯南·道尔爵士的诗歌《一个比喻》提供了一个精练的代表性样本：

奶酪螨问，奶酪缘何在那出现，
　　热烈的讨论由此开展；
　　正统的人说它来自空气，

异教徒称其来自大浅盘。
它们争论了很久，它们争论激烈，
　如今我依然听到它们在争辩；
但是所有住在奶酪中的属灵人，
　无一人想到一头奶牛。

奶酪螨宇宙学可能起源于安德鲁·克罗斯（1784—1855）的实验，他是一位古怪的业余科学家，也是我们两位主人公的密友（他的第二任妻子克罗斯夫人，附录 I 中的回忆录《我生命中最美好的日子》提供了一些关于巴贝奇和洛夫莱斯的逸事）。19 世纪 30 年代，克罗斯变得声名狼藉，因为他推测自己在一次电实验中创造了新生命。他描述，在机器中出现了一只"完美的昆虫，依靠尾部刚毛站立"。新闻界为此忙了一整天，宣称克罗斯是新一代弗兰肯斯坦。但他的科学家同行们都半信半疑——"即使在他的科学中，似乎也缺少方法。"心存疑虑的洛夫莱斯夫人说，怀疑克罗斯把他的午餐和实验混在了一起。

✿奶酪故事的笑点，实际上，是一张图表。

✿埃达·洛夫莱斯确实曾在调试时咒骂："……这是一项极其麻烦的工作，它折磨着我。"而当巴贝奇遗失了她的一份补充说明时，她说："我几乎想要诅咒你，你会同意的。"

✿ 我需要说明一下，巴贝奇为差分机设计的非凡打印机，并不像现代打印机那样逐行印刷——它一次整合一页，然后压在纸张或其他柔软的材质上，制成模板。

✿ 打印的表格复制自 1834 年巴贝奇一丝不苟纠错（尽管是人工制作的）的对数表册。按照他一贯的彻底性，巴贝奇在每种色度的纸上测试了每种颜色的墨水，以期发现可读性方面的最佳组合，包括黑色纸张上用黑色墨水（不行），白色纸张上用白色墨水（不行），以及白色纸张上用黑色墨水（没问题！）。

※ 维多利亚女王的著名习语最早出现在 1889 年安德鲁·朗的《迷失的领导者》中，他巧妙地避免了指明说话者——

"朕并不觉得好笑。"据报道，一位伟人曾目睹某个机智风趣的人冒险说了件危险的逸事。

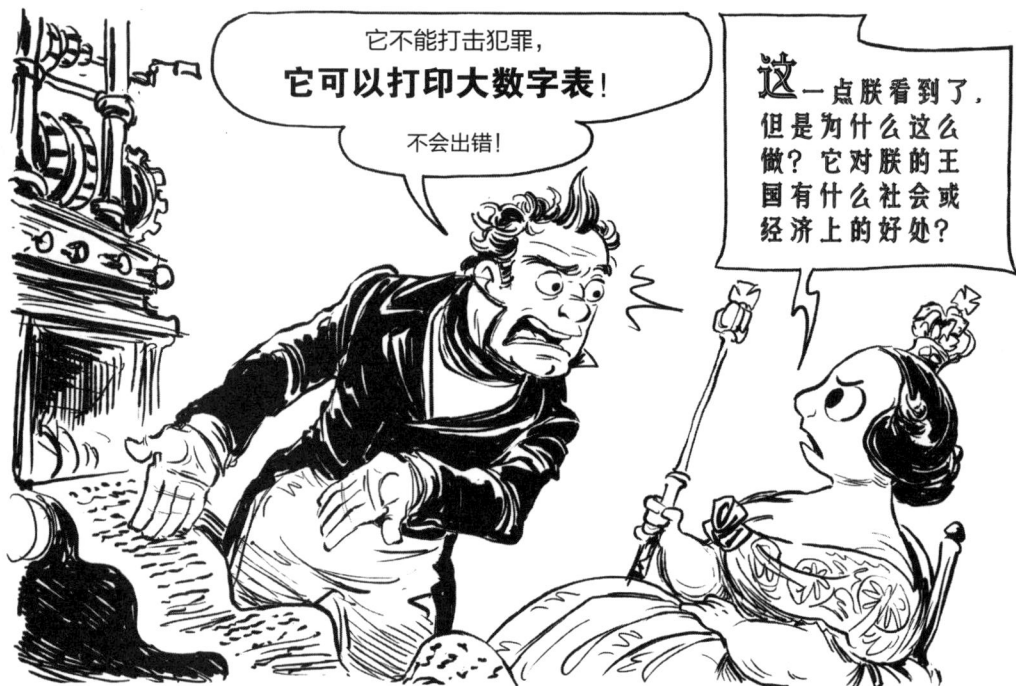

它不能打击犯罪，**它可以打印大数字表**！

不会出错！

这一点朕看到了，但是为什么这么做？它对朕的王国有什么社会或经济上的好处？

在数学科学中，碰巧有这样一则真理：在某一时期最抽象、看起来距离所有实用应用最远的真相，在下一个时代会成为构架物理学研究的基础，而且在接下来的时代里，或许通过适当的简化和缩减成表格，可以使其为艺术家和水手提供现成的日常帮助。

而我想确切地知道，这和**惊心动魄的**冒险有什么关系。

✿巴贝奇的对话摘自他的《关于英国科学衰落的反思》。

对巴贝奇的出版物的评价有时甚至和这些书本身一样有趣——我喜欢《爱丁堡日报》对《关于英国科学衰落的反思》不屑一顾的反应："我们无法想象，究竟是什么导致了这番对欧洲最古老、最无趣以及最令人尊敬的科学联盟的苛评。"

只有那些精通科学的人才能准确地理解"知识就是**力量**"这句格言——

朕可能不那么精通科学，

但是朕相信**权力**就是力量。

……英国政府里都是傻瓜和骗子！

此刻，只有一件事能**拯救我们**了！！

✿ 对于大多数维多利亚时代的穿孔卡片，其繁重的打孔工作都是由专门的机器完成（见第 302 页）²，不过洛夫莱斯肯定配备了手持打孔机以防万一。赫尔曼·霍勒瑞斯，实现将穿孔卡片应用于计算机领域的第一人，其灵感就像此处的洛夫莱斯一样，来自铁路轧票机。1898 年，第一批穿孔卡片用于分析美国人口普查，这些卡片由人工打孔，直到操作员的肌腱出现重复性劳损——和现代计算机工作者如此相似——才令霍勒瑞斯不得不发明一台键盘打孔机。

✿ 洛夫莱斯夫人宣称，引擎只能做它"被命令执行"的事情。阿兰·图灵（1912—1954），20世纪计算领域伟大的理论家，在他的《计算机与智能》中对此进行了反驳：

洛夫莱斯夫人的漏洞。关于巴贝奇的分析机，我们最详细的信息来自洛夫莱斯夫人的一部回忆录。她在其中称："分析机在*原创*方面没有任何作为。它只能完成任何我们知道如何命令其执行的任务。"（她的斜体字）……我相信，认为机器无法带来惊喜是一种哲学家和数学家很容易犯的谬误。

✿ 在对英国政府的重要人物大喊大叫这件事上，巴贝奇没有丝毫犹豫——有一次，他花了半个小时对首相罗伯特·皮尔咆哮。在他自己对这次会面的叙述中，他先是声称其他科学家都嫉妒他，表示自己受到了政府的不公正对待——尽管这个政府没有任何附加条件就给了他巨额现金。总之，他做了除大声嚷嚷之外的所有事情："在大学里，他们都笑话我，但是你将看到——你们所有人都将看到！"随即爆发出一阵狂躁的笑声。

这次会面没能为分析机争取到资金。

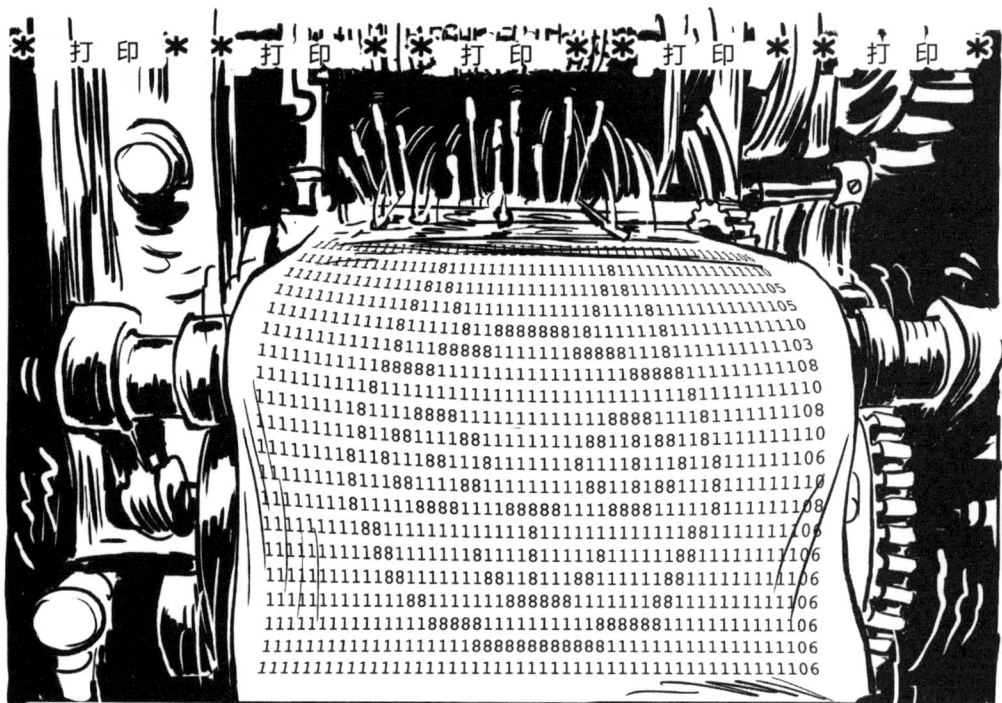

✿ 电脑一被发明出来，他们就渴望用各种有限手段艺术地表现自己。据说，第一份电脑生成的艺术作品不是一只猫，而是另一个了不起的备选——一位性感的女士，由 IBM 在 1958 年一项打算绘制海岸线的计划中描画完成。20 世纪 60 年代，苏联凭借一项印制电脑动画猫咪的绝密程序增加了猫身上获胜的筹码。

除了打印由数字组成的小猫咪之外，分析机本该有更多功能。它甚至有望完成更高级的事——巴贝奇想给它添加一个绘画机制，所以，它也有可能画出一位性感的女士。

但是，这里面全都是**错误**！！

这台机器可以产生任何**大小和种类**的这种小猫，陛下！

小猫！

好极了！

鉴于你为这台机器做出的杰出工作，巴贝奇先生，我们很荣幸给予你骑士勋章！*

* 皇家圭尔夫勋章，第三等

"圭尔夫"……

好吧，如果我不能成为"和白痴打交道爵士"，**那么我拒绝！**

啪！SNAP!

✿ 和歇洛克·福尔摩斯一样，巴贝奇一度拒绝骑士勋章——我们不清楚为什么福尔摩斯选择拒绝，但是，巴贝奇对自己的理由直言不讳：骑士身份不对。他称授予他圭尔夫勋章简直就是用"外国"勋章"侮辱"他。出于非常复杂并且极其无聊的原因，圭尔夫勋章是一种特殊的骑士身份，不享受"爵士"的尊称（因此，巴贝奇不可能成为"和白痴打交道爵士"）。欲知圭尔夫勋章的详细历史、其作为授予科学家的骑士身份的短暂历史，以及巴贝奇作为特邀明星的情况，参见安德鲁·哈纳姆和迈克尔·霍斯金 2013 年发表在《天文学史杂志》上的文章：《赫歇尔骑士团：事实与虚构》。纵观世界历史，从来没有一篇学术文章能让一位漫画家发出如此充满感激之情的哭喊，因为我完全不了解巴贝奇所说的"侮辱"和"外国"的圭尔夫勋章是怎么回事，直到这篇文章帮我理清了头绪。

闭嘴闭嘴，你这个不切实际、自私、放纵的——

我拒绝让我的机器受这样的侮辱！！

✿ 洛夫莱斯的台词引自 1843 年 8 月她和巴贝奇关系的一次崩溃。当时她给拜伦夫人写信道："巴贝奇先生的行为令我感到非常困扰和焦虑。实际上，我们正处于争论之中：我很遗憾必须得出这样的结论，那就是他是一个人可能接触到的最不切实际、自私且放纵的人之一。"

他们之间的争吵主要围绕洛夫莱斯对分析机的翻译和注释，以及巴贝奇对政府给差分机的资金没完没了且难以遏制的愤怒。在《分析机草图》准备出版前一个月，巴贝奇试图偷偷写一篇序言——一份针对政府的受伤咆哮。但问题并非在于是否插入序言，而是巴贝奇企图将其匿名加入书中，与《分析机草图》的其他部分混为一谈——给人们留下是梅纳布雷亚、他的翻译，或是其他神秘当事人撰文的印象。至于为什么他认为这种做法能起效，我承认，对此我迷惑不解。任何一个有兴趣阅读关于分析机高度技术性文章的读者，都不可能认不出巴贝奇藏在序言每一行字背后的声音——那些老调重弹的观点，任何科学圈子里的人都至少直接从他那里听过十几遍。

洛夫莱斯被激怒了，她写给他："请放心，我是你最好的朋友；但是，我永远不能也不会支持你按照我相信不仅是错误的，而且是自杀性的原则行事。"巴贝奇"勃然大怒"，并且找到《哲学学报》的编辑，要求撤回整篇文章。或者更确切地说，就像他在信中写给洛夫莱斯的那样："你认为我希望你与编辑彻底断绝关系，实在是冤枉我。我希望你让他允许你退出。如果编辑在英国，我相信他会应我的要求插入我的辩护词，或者尽量不印刷这篇论文。"我只是一个普通的漫画家，并不是一个天才发明家，所以我想这就是为什么我很难理解个中区别！最终，洛夫莱斯在没有巴贝奇的祝福的情况下发表了她的论文，任由他一个人去生闷气。

❋巴贝奇以"拒绝所有条件"作为对洛夫莱斯在一片忙乱中寄给他的那封不可思议的、略显精神错乱的信的回应。他在信中写道：（a）你是世界上最令人讨厌的人，100万年内没人能和你一起工作。（b）让我们一起齐力打造分析机！条件是（1）我负责所有公共关系——"在所有可能涉及与任何同胞或同胞们关系的事物的所有实际问题上，你要承诺完全遵守我的判断（或者现在任何一个当我们意见相左时，你可能愿意指定为仲裁员的人）。"——（2）你将"贡献你的'智力援助和监督'"，以及（3）我和一个你指定的委员会接管业务方面，而你则专注于完善分析机的设计。巴贝奇在页面空白处写道："今早见了 A.A.L.，并且拒绝所有条件。"真遗憾啊！历史上很少有人比查尔斯·巴贝奇更迫切地需要一位商务经理——当然洛夫莱斯也有她自己的问题，这些问题最终也可能把分析机从这个世界夺走。

最后，他们似乎很快就把事情解决了，因为几星期后，巴贝奇一路前往德文郡去看她，并给她写了一封信，正是这封信授予了洛夫莱斯著名绰号——"忘记这个世界和所有烦心事，如果可能的话，还有无数江湖骗子——简而言之，除了数字的魔女以外的一切。"

巴贝奇并不是一个宽容的人，所以他能原谅洛夫莱斯这次背叛行为很不寻常。如果有什么不同，那就是在洛夫莱斯的余生中，他们的往来信件显示出二人的友谊愈加亲密。根据向来能够提供帮助的克罗斯在《我生命中最美好的日子》中的记录，按照巴贝奇自己的回忆，他通过将整件事情归咎于可怜的查尔斯·惠特斯通，解决了自己内心的矛盾。惠特斯通是两人共同的科学家同事兼好友，而且很可能是最初向洛夫莱斯建议这项翻译计划的人。惠特斯通会处理一些校对工作以及和报纸出版商之间的事务。

怨恨一直都在，即使是谈到他在科学界的朋友兼学生——洛夫莱斯夫人，也无法不提及与惠特斯通和洛夫莱斯夫人其他好友发生的一场愤怒的争论，洛夫莱斯夫人不同意他将她的出版物作为传达个人悲伤的媒介。他告诉了我们整个故事，但是我依然确信，巴贝奇先生错了。

我不得不同意你，克罗斯夫人！

❋想要理解为什么巴贝奇认为自己被授予"外国"骑士身份是受到了"侮辱"，就很有必要研究一下在 19 世纪之交，汉诺威王朝和《萨利克继承法》的历史。

圭尔夫骑士团成立于 1815 年，是新汉诺威王国在拿破仑战争后建立起的荣誉制度。它由汉诺威王国授予，但需要经英国国王批准，因为后者同时也是汉诺威国王。实际上，当时的英国国王

是德国人。1837年，维多利亚女王⋯⋯并不能成为汉⋯⋯威的女王，因为那里的继承权依据《萨利克继承法》，按其规定，女性不能⋯⋯王位（取而代之⋯⋯她成为汉诺威公主，正如仆从恰当地称其为"服从者"*）。所以首先，⋯⋯女⋯⋯是彻头彻尾的错误。因为等到她登基时，授勋的权力⋯⋯还给汉⋯⋯汉诺威国王们的管辖之下，从乔治三世的第八个孩子⋯⋯内斯特⋯⋯

第一个和这个如迷宫般混乱的圭尔⋯⋯威廉·赫歇尔，在1816年。有时候人们会误称他为威廉·赫歇⋯⋯所以这看起来是个很适合的荣誉。但因为⋯⋯化为英国人，⋯⋯勋者，因此只有三等爵位。直到他去世⋯⋯以乎都没有意识到自己并非赫歇尔爵士却一直以爵士自称。他的儿子约翰·赫歇尔无⋯⋯告诉自己的母亲她并不是赫歇尔夫人。1877年，汉诺威王朝被普鲁士吞并，让所有人免于⋯⋯混乱。

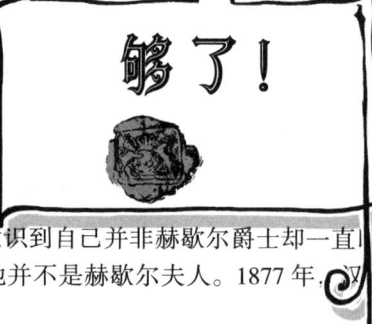

在其存续期间，圭尔夫勋章被划分为三个等级：两个高阶头衔，骑士大十字和骑士指挥官，是分别为政府官员和军职人员准备的；最低一等授予不能被授予"爵士"头衔的平民。至于具体原因我实在懒得去找了。

1831年，辉格党新政府想要表彰一些为国家带来巨大荣誉的新兴科学家阶层的杰出成员，他们认为圭尔夫勋章是最好的选择，并写信给7位科学家，称荣誉已降临到他们身上。发信人（和其他人一样困惑）错误地在信中称他们为"×××爵士"，而圭尔夫勋章并未授予他们这样的头衔（字面意思！）。巴贝奇，总是执着于命名惯例，抓住了这个错误，拒绝了这个荣誉，并进一步宣称自己受到了"奇耻大辱"。至少，我从当年的《联合军事杂志》上了解到：

> 巴贝奇先生那台比任何其他机器都更接近人类智慧结晶的机器问世后，即使是早已习惯机械操作的人都为此大吃一惊。它成为一项世界奇迹，以其部分成本价被出售给政府，他但最终因被授予最低等级的勋章而蒙受羞辱。

我急忙补充了一份由一位署名为 Z.Z. 的记者提交给杂志的更正，对此，我很难相信他不是查

---

* 原文为 client，也有委托人的意思。——编者注

尔斯·巴贝奇。很可能他在这里以匿名的粗话巧妙地伪装自己，就像他曾试图在洛夫莱斯的论文序言中所做的那样：

鉴于这份声明中有一个重要的错误，请允许我对此加以更正。由巴贝奇先生打造的计算引擎从来没有被出售给政府。在政府的要求下，那位先生承诺将他的发明付诸实施，监督其制造，但不是为了自己，而是为了政府，因为引擎是他们的财产。12年来，他的注意力始终集中在那台机器上，并且为了不耽误时间，他拒绝了一些情况，而那本有助于……

✿ 呃，它还在继续（有过吗？），但是你明白的。

——统治这个世界!

✿ 维多利亚女王给她的继承者留下了历史上最大的帝国。在她的统治下，英国得到了亚丁（今也门城市）、巴苏陀兰（今莱索托）、贝专纳（今博茨瓦纳）、英属东非（今肯尼亚）、英属洪都拉斯（今伯利兹）、英属索马里（今索马里）、文莱、库克群岛、塞浦路斯、斐济、冈比亚、黄金海岸（今加纳）、中国香港、印度、肯尼亚的更多地方、科威特、马尔代夫、尼日利亚、北婆罗洲（今沙巴州）、尼亚萨兰（今马拉维）、巴布亚新几内亚、罗得西亚（今津巴布韦）、萨摩亚、沙捞越（今属马来西亚）、新加坡、西南非洲（今纳米比亚）、苏丹、坦噶尼喀（今属坦桑尼亚）、特立尼达岛、特鲁西尔阿曼（今阿拉伯联合酋长国）、乌干达以及桑给巴尔（今属坦桑尼亚）。想想看，如果她有一台分析机，都能做些什么。

尾注

1. "分析机就像提花织机编织叶片和花朵那样编排代数模式。" 这可能是洛夫莱斯的补充说明中最广为引用的一段,所以我或许应该解释一下什么是提花织机。没有提花织机的时候,带图案的布料需要纺织工人手动从组成经纱的几百根经线中挑出几十根,然后编织。提花织机的创新性不在于织布机本身,而是其安装在顶上的奇异装置(而且实际上它只是完善了伟大的自动机械制造商雅各布·德沃康松在 50 年前的设计)。提花织机的系统将织物图案编码为硬卡上的孔,孔触发相应的钩子,为图案的每一行挑选细线,极大地提高了编织速度。如今,提花织机依然在世界各地的纺织厂里咔嗒作响,只不过由在其启发下诞生的电脑直接控制。

巴贝奇声称，在一次欧洲之旅中，他曾花"数小时"观察提花织机的工作过程，毫无疑问他在脑中想象的是完美的数学图表发出咔嗒的声音，而不是一匹匹织物。

他还要在那里站多久？

2. 提花织机需要数千张硬卡来完成它们的图案，出于简化打孔过程的目的，人们发明了各种精巧的机器。左下角是一台"钢琴式钻孔机"，可以把一幅画好的织物图案转化成一套硬卡。图案被画在网格上，像乐谱一样放置在框架上。一位操作员将一盒接一盒地读取图案，通过按键在卡片上冲压网格位置；踏板会使卡片进入下一行。孔之间的空间被称为"音高"——钢琴式钻孔机可以被"调"到卡片预定的织机"音高"。右侧是一台纹板穿连机，它是一台巨大的缝纫机，可以将卡片连成长串供织机读取。

实际上，分析机使用了三种不同的打孔卡片，共同协作运行一个程序——数字卡，持有专门用于计算的数字；变量卡，保存了我们现在称之为地址的东西，指示在两次计算之间数字应该被保

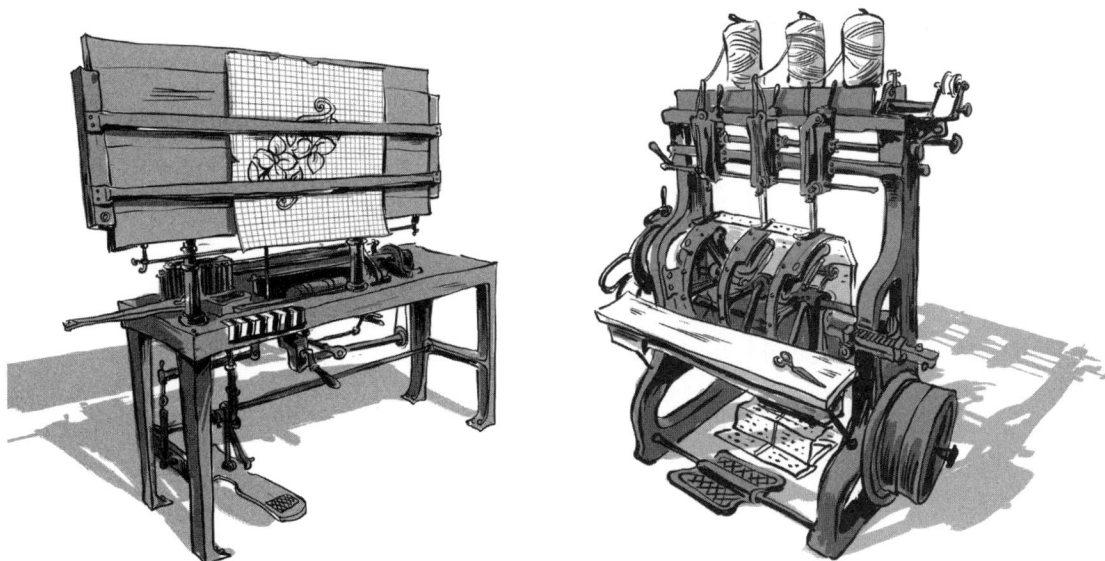

存在什么位置；以及操作卡，保存程序本身的指令。就像提花织机一样，协调并给这数千张卡片打孔的机器本身就是一个难题，而巴贝奇始终没有机会解决这一问题。1951 年，格蕾丝·霍珀少将解决了一个相似的计算机问题，当时她发明了编译器——一个将人类编程语言转换成机器代码 1 和 0 的超级程序。

在袖珍宇宙，洛夫莱斯自然使用了编译工具来完成她的程序。

关键零件

1. 键盘输入
2. 停止，引导至常见打孔序列的快捷方式
3. 踏板，推进卡片
4. 杠杆，用于撬动
5. 穿连机制
6. 移除悬挂卡片的送卡箱
7. 传声筒
8. 猫

原始文献

✿ 2012 年，维多利亚女王的大量日记被数字化并完成转录。我做的第一件事当然是搜索我们的主角儿！人们可以在 www.queenvictoriasjournals.org 上面搜索他们最感兴趣的维多利亚时代。不过，也不要太激动——它们并不是那么原汁原味，为了作为官方记录，她的女儿比阿特丽斯把所有有趣的东西都删了。

✿ 维多利亚女王的日记，星期三，8 月 29 日，1838，把洛夫莱斯放在了女官的长名单上。但她没能入选。

接着，M 子爵查看了所有贵族，惊讶地发现上面只有寥寥几人。布雷多尔本夫人，他提到，是个很有魅力但健康很差的人；沃特帕克夫人，但是他说："那是另一个安森。"对此我一点都不反对。克雷文夫人，洛夫莱斯夫人，等等。他查了半个小时，然后谈起了天气。

巴贝奇对其口碑的敏感被很好地记录下来。从哈里特·马蒂诺的自传中可以看到：

作为一位当时很受欢迎的作家，你可以认为他很希望能听到关于自己的大多数意见。因此，巴贝奇收集了所有能找到的关于自己的印刷品，贴在一本对开的大册子上，还在并列的两栏里分别标注"赞成"和"反对"，由此获得了一种平衡。

✿维多利亚女王的日记，星期三，8 月 29 日，1838，

　　我们提到了这次在纽卡斯尔市举行的会议，M 子爵说："巴贝奇自取其辱，就像他在别的地方那样。" M 子爵转述给我们巴贝奇曾说的话。"他说有个显赫的人认为这全是谎言和虚荣。我知道他指的是我。" M 子爵如是说。M 子爵表示，他不巧告诉了法拉第最好不要接受由罗伯特·皮尔爵士出于政党目的而设立的养老金。M 子爵在晚饭后向我讲了这些。

　　M 子爵指的是墨尔本子爵，他是维多利亚女王的导师，在她刚成为女王时任首相一职。1838年，他没有担任首相，那时的首相是皮尔，但是女王经常向他咨询。在附录 I 中，可以看到巴贝奇再次蓄意阻碍了可怜的迈克尔·法拉第。

　　最能代表这部漫画材料来源的，莫过于一个撩人的洛夫莱斯形状的洞，以及巴贝奇的精彩喜剧小段。

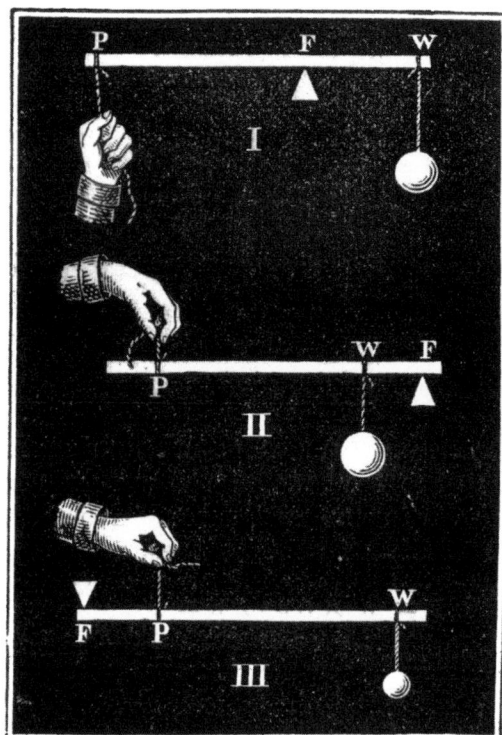

杠杆原理，出自《机制要素：阐明机械实际构
造的科学原理》(T.贝克，1852)

洛夫莱斯 & 巴贝奇

VS.

经济
模型！

镑，先令，以及悬念！

崭新的布景和服装，斥资巨大的装备。最后一幕是

宏大的场面：伦敦的毁灭！

经特别邀请，著名工程师

I. K. 布鲁内尔先生

仁慈地同意出席。

全文以作者富有启发性的尾注结束。

"还是老把戏！"

针线街上的老妇人。"你用自己宝贵的'推测'把自己弄得一团糟！
好吧——我将帮助你摆脱困境——仅此一次！！"

"针线街上的老妇人"，也就是英格兰银行，在约翰·坦尼尔的一部漫画中帮助许多
银行家摆脱了困境。约翰如今以其为《爱丽丝漫游仙境》创作的不朽插画而闻名。

作者的个人收藏

差分机——成为逻辑、理性的灯塔，以及数学的教化力量！

在这些高耸的墙壁内，查尔斯·巴贝奇和埃达·洛夫莱斯的无上智慧正在不眠不休地工作，他们唯一关心的就是国家利益！

是什么深奥的数学难题占据了洛夫莱斯夫人**强悍的大脑**？

巴贝奇！

BANG! BANG! BANG! BANG!
砰! 砰! 砰! 砰!

你一定要制造那些该死的噪音吗？我正在进行最精细的数据分析！

你说什么，洛夫莱斯——我不知道你还有工作要做——

"Δijk = CO + C$_w$∂W$_{ijk}$ - n$_i$ 1l$_j$ + Σ$_{ijk}$+ ∂ 大笑男孩……"

✿洛夫莱斯夫人在其生命的最后几年里，非常热衷于赛马。根据后来各种传记作家的调查，她似乎损失了大约 2000 英镑。我找到的这一时期出版的有限文件，都喜欢将这个数字至少膨胀 10 倍——1857 年，当纳撒尼尔·霍桑访问拜伦庄园时，谣言已经将数额飙升至 4 万英镑。

✿阿瑟·韦尔斯利——威灵顿公爵，拿破仑的劲敌，防水靴的同名人物——是袖珍宇宙的首相。实际上，这个时序不太准确，因为当时的首相应该是 1841 年至 1846 年在任的罗伯特·皮尔（或墨尔本子爵，但是他毫无娱乐性）。

不过，我们的袖珍宇宙是以差分机的存在为界定的，并且正是以抱怨著称的罗伯特·皮尔在 1842 年给了这个项目致命一击："我们要怎么做才能摆脱巴贝奇的计算机器呢……在我看来，那对科学毫无价值。如果它能计算出有助于科学的数据和量子，那这会是我唯一想从中得到的服务。"相较之下，威灵顿对科学创新非常热衷，并且是巴贝奇项目的一位伟大支持者，在他任职首相期间，为巴贝奇提供了早期政府补助金中的一笔，3000 英镑。威灵顿多次出现在巴贝奇的自传中。

✱1837年，宽松的信贷以及放松了管制的银行导致美国房地产泡沫膨胀，引发了市场恐慌和全球金融危机。我们的祖先是多么愚蠢，而我们能够从更明智的时代回望过去又是多么幸运！这种情况是由于缺乏一种美国国家货币（安德鲁·杰克逊总统不信任纸币，他在20美元的钞票上看到自己的脸时可能不会太高兴），钱由一众处于混乱状态的私人银行发行。1836年，杰克逊发布了一项行政命令，要求全部国有土地都必须用黄金或白银购买。马丁·范布伦就任总统后不久，这场危机升级为恐慌：800家美国银行倒闭，多个州不再履行义务，连锁反应遍及整个欧洲。

无论巴贝奇还是洛夫莱斯都与这场危机没有丝毫关系，尽管由"饥饿的19世纪40年代"引发的经济混乱肯定无助于巴贝奇的资金困境。

✿ 洛夫莱斯的台词选自 1899 年 E.M. 谢泼德给马丁·范布伦所著传记中极富权威的马后炮，他接着说道："当时的政治家和政界人士，我们很难把投机狂潮的大部分责任恰当地归咎于那些人。他们都沉浸在由美国的成功和发展带来的民族陶醉感中。"

✿ 这里真正该说的是"去分析机！"，但它没有这么朗朗上口。[1]

✿ 埃达·洛夫莱斯在生命最后的一年半时间里，肯定以某种隐晦的方式参与了赛马赌博。表面看来，她没有做任何像下注这样简单的事情——她似乎一直表现得像个有某种"系统"的赌注登记人。几乎不可能发现究竟发生了什么，因为在她去世后，这一时期的相关文件都被其丈夫销毁。有人猜测，巴贝奇作为一位统计学家，可能也牵涉其中。[2]

✿ 尽管我希望她会追求更崇高的东西，但是，如果埃达·洛夫莱斯如今尚在人世，拥有牛津或剑桥大学的数学学位，还有赌博这个弱点，那么我想她很有可能最终成为相当可疑的"数量"或定量分析师，即一个受雇从股票市场以没有人能完全理解的方式榨取数十亿美元的人。

✿ 巴贝奇写了一本尽人皆知的书，有关政治经济学的——他在 1832 年出版了这本名为《论机器和制造业的经济》的畅销书，书中对工业化世界进行了一番有趣的调查，并辅以大量经济分析。他还写了一本关于税收的小册子。

✿ 在袖珍宇宙中，使伦敦流光溢彩的电缆实际上就是巴贝奇在《论机器和制造业的经济》中提出的信息压缩线。[3]

✿ 这实际上是定量分析师李祥林在 2000 年设计的高斯相依模型，用于债务抵押债券的定价，并成为 2008 年经济危机的头号"嫌疑犯"（我指的是这个公式而不是李先生，尽管我很确定他为此感到非常难过）。想要更多地了解这个模型及其灾难性的后果，参见发表在期刊《连线》2009 年 2 月号上的《灾难的秘方：杀死华尔街的公式》。记者们有时将这场由公式引发的灾难定性为"一个数学错误"，但我认为应该指出的是，它在数学上准确无误。错误是因为——从很多方面，而非单一层面——人们赋予了这个公式的价值。

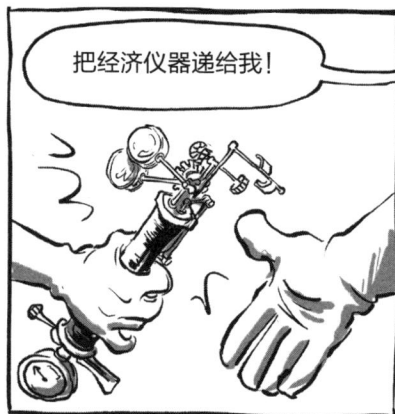

把经济仪器递给我！

粘贴自动稳定器！

安装滞后指示灯！

调整贸易加权汇率！

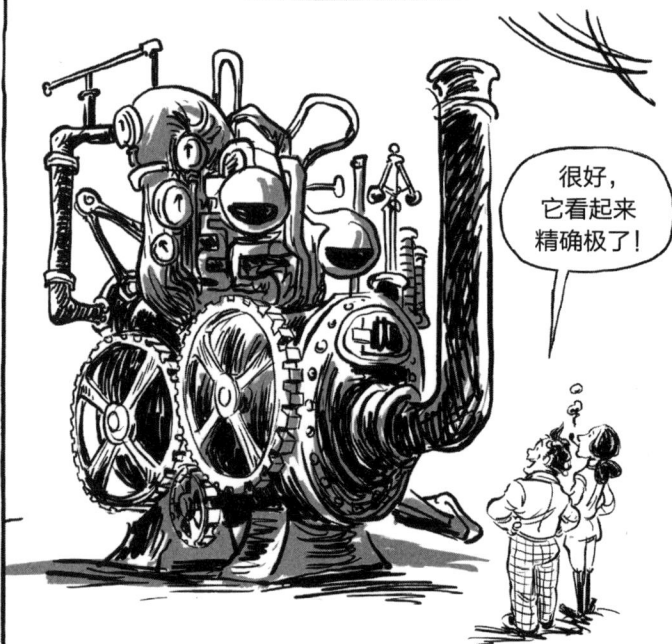

很好，它看起来精确极了！

✿ 斯特林发动机是一种热驱动膨胀式发动机，由罗伯特·斯特林在 1816 年发明。洛夫莱斯正在使用一种（不合时宜的）逻辑符号来怀疑双关语是否属于"诗歌"的范畴。

巴贝奇对双关语非常感兴趣，并且在他的自传中专门写了一章。右侧是他的表格，这提供了很大帮助。至少在我看到这张表格之前，并不觉得这个笑话很有趣。

下述可以作为一个三重双关语的例子：

一天早晨，一位绅士来到一位女士家，发现她就坐在写字台前。这位女士的妹妹非常漂亮。他把手放在用于召唤侍从的铃铛上，问这位女士，在他的拐杖、她的妹妹，以及此刻在他手指下的工具之间，存在怎样的联系。

他的 拐杖是 { 手杖（cane） / 该隐（Cain） }，也就是 { 铃铛（bell） / 美女（belle） / 亚伯（Abel） } 的兄弟。

✽ 这种经济模型的灵感来自了不起的菲利普斯液压计算机。[4]

利率接近 0% 了！！
银行行长
利率
通货膨胀
你疯了吗？
我们的利率从来没
那么低过！
她受不了了！
等一下——
我们正在冒**恶性通货**
膨胀的风险！！
SSSHT!
嘶嘶
CHUFF! CHUFF!
嚓嚓
嚓嚓

❋ "死猫式反弹" 指的是股价触及潜在的底部后出现短暂回升的现象，因为"哪怕是一只死猫，如果从足够高的地方跌落，也会反弹。"

> 我们或许调错了
> 财政乘数……

✿ "财政乘数"是衡量政府支出或减税对经济产出造成的影响的指标。在"乘数 1"这个模型中，政府支出的 1 美元将使国家的 GDP 同样增加 1 美元。经济学家们通过在每一项具体的政府行动或减税政策上附加一个"财政乘数"的方式自娱自乐。正如你所想，从来没有两个人能够就财政乘数究竟是多少达成一致，因为要提取单一行为对现代经济混乱的影响是极其困难的。任何时候当你听到关于财政刺激或者减税的辩论时，这个数字的价值都会引发争议。

2012 年，国际货币基金组织重新评估了迫使许多欧洲国家实施紧缩政策的经济模型的数据，结果发现，紧缩政策的乘数不是 0.5（削减 1 美元支出，会导致 GDP 减少 50 美分），而更可能是 1.7（削减 1 美元支出，会导致 GDP 损失 1.7 美元）。当然，也许是因为别的原因，谁知道呢。

✿ 在其1899年出版的范布伦传记中，爱德华·谢波德，纽约的金融阶层
将经济崩溃归咎于政府针对纸币的过度进行

这不公平，他们说，把罪责归于……度发展；相反，
它们源于"旨在以金属货币取代纸币货币体系"。"瘟疫
上人影寥寥，大火将人烧成灰烬。……些统治者的错误……
了比瘟疫和大火更大的破坏。"

116

百分之二十三

国际货币

事实 违约

真正的投资

各个州

下降

放弃了其他的优点，以及
因此，如果多一支枪
就会花费
一支枪就是 100 克黄
油。生产可能性边界
短暂的美化。美国从中提取了
市场。仅仅在 19 世纪 40 年代，美国人
篮子。这些违约，以及其他各种结果

体验市场会成本的例子。
47 千克黄油，
社会成本意味着

债权人

和钱

英国因此同意

117

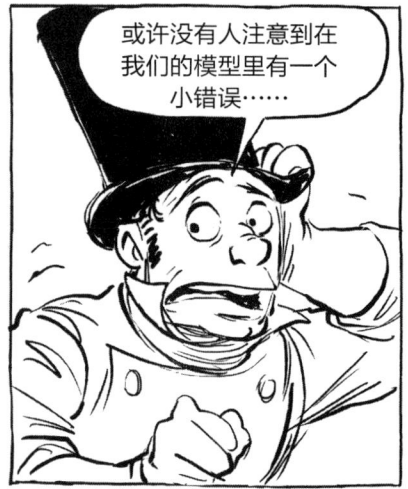

✿ 查尔斯·巴贝奇并没有发明这个表格（它最初应用于法国的税收筹划），不过，是他在自己最大的出版成就《论机器和制造业的经济》中开创了其在运筹学研究中的应用：

> 明智的做法是事先准备好要问的问题，并为答案留出空格。这样可以快速添加答案，而且很多情况下，要填的只是数字。

上面是一个供您在工厂检查中自己使用的表格样本。

✿ 洛夫莱斯是一位勇敢的女骑手，并这样描述自己最喜欢的种马：

　　塔姆·奥尚特……野性十足，在马厩里看起来相当凶猛，耳朵尽可能往后竖起，磨着牙齿，而且眼睛里闪着光芒……塔姆·奥尚特实在是一件珍宝，有时候人们看到我以极快的速度骑着它飞驰，会无比惊讶。他们说这是值得一看的风景，而塔姆自己最享受的莫过于飞驰。但是，它激动时很难驾驭；也就是说，我刚好可以驾驭它，而且我几乎能应付任何事情。塔姆在路上的时候通常都很安静，但穿越乡村或者急速飞驰时，它很不守规矩；事实上，我最喜欢的恰恰是它不守规矩的时候。

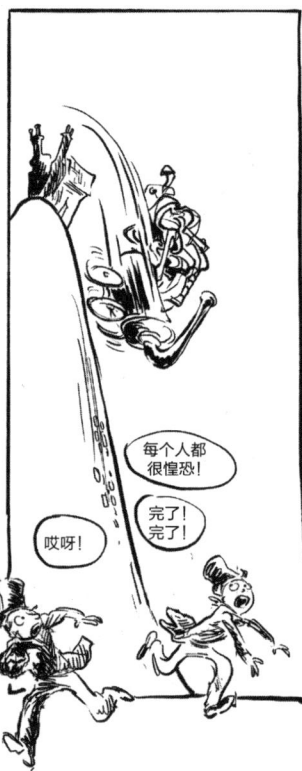

✿ 这里的经济模型遵循了让-保罗·罗德里格创造的经典经济泡沫曲线图，显示了经济泡沫的四个阶段：潜伏、觉察、狂躁和爆发。

✿ 1847年冬，正处于19世纪40年代的饥饿峰值，革命热潮席卷整个欧洲。德国流亡者卡尔·马克思和共产主义者联盟在苏豪区的红狮酒吧起草了《共产党宣言》。

　　在《资本论》的脚注中，马克思经常引用巴贝奇的《论机器和制造业的经济》，尤其是巴贝奇对亚当·斯密的劳动分工理论令人沮丧的延伸。正是巴贝奇指出，工厂制度在提高生产效率的同时，使劳动力的技术含量降低，从而变得更廉价并且更容易被替代。

*19 世纪 30 年代，巴贝奇向利物浦和曼彻斯特铁路提议火车头应该配备导向楔或"排障器"。一如既往，他的想法从没能实现，然后在接下来的日子里由其他工程师重新发明。

CHUFF!CHUFF!CHUFF!

哎呦，这不是
洛夫莱斯伯爵夫人吗？！

✤ 伊桑巴德·金德姆·布鲁内尔的脚注体量巨大，不适合这个空间。[5]

✿ 很遗憾，我无法确定埃达·洛夫莱斯是否见过伊桑巴德·金德姆·布鲁内尔，不过，他们都是巴贝奇的好朋友，她很可能见过对方。她至少钦佩布鲁内尔的工程："关于（布鲁内尔的）大气轨……我们仔细检查了整套装置的每个部分，并且研究了这项计划。器械和组装方式都非常简单，同时也展示出许多美妙的独创力和智慧。"

✿ 1841 年，布鲁内尔称他的机车刹车对议会安全委员会而言"相当无用"。不过，巧合的是，他的座右铭正是"前进吧！"。

✿ 假设，在一件与巴贝奇相关的精彩逸事中，布鲁内尔使出"浑身解数"。[6]

你们正在**阻碍进步**，人民！！

!!! !!

正如这些公式清楚地显示的，通过一个与这台机器成倾斜角的**力的偏转**，可以减少碰撞的损害，而且几乎不需要检查机器的速度！

你真太聪明了，巴贝奇先生！

但是你的**模型**毁了我的生意，你这**数学威胁**！**看看这一团糟**！

模型？

洛夫莱斯！

PAF!

✿英格兰银行长期以来都在对失控的经济模式施加压力，几乎一经成立，它就在由1720年南海泡沫引发的银行业突发事件上投入了大量金钱。本书第96页的卡通序言展示了另一次著名的银行救援，那次是在1890年——被纾困的是巴林银行，在1995年灾难性的崩溃到来前，这家银行又延续了一百多年。1995年，一位银行家在投机买卖中损失了足以导致整个银行破产的金额。那一次，针线街上的老妇人拒绝提供帮助。

没有人能从这样的灾难中幸存！

太可惜了。

让我们所有人从中吸取教训，所以我们应该转向一项新的——

一如既往，这证明我的理论是**正确的**！

跳起

SPROING!

*19 世纪 40 年代的大铁路泡沫是继 1833 年经济崩溃后的又一次毁灭性的金融危机。此后在 1857 年、1866 年、1873 年、1884 年、1893 年和 1896 年，危机接踵而至。19 世纪的金融危机在世纪末成功结束，但 20 世纪的危机紧随其后。

1.差分机这档子事真的很让查尔斯·巴贝奇困扰，所以他想把一切都弄明白：

带打印机的完整差分机，
由伦敦科学博物馆制造。

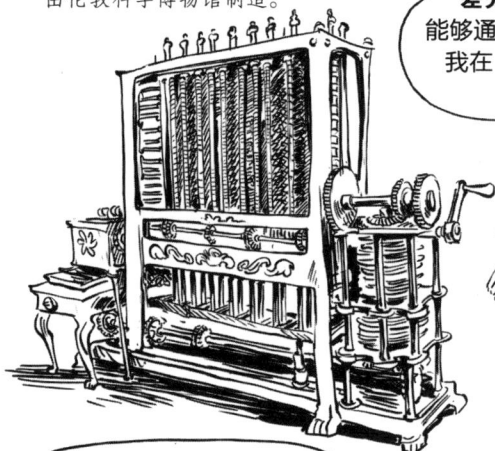

差分机——一台手摇加法机，
能够通过差分法计算和打印对数表。
我在 1824 年到 1833 年开发出
这个计划。

它最终在 2000 年
按照我的示意图被
制作出来了。

非常有独创性，
当然！

但是，它不过是个会被
取而代之的玩具，取代
它的将是分析机——

一种穿孔卡片程序储存
器，一台自演算计算机，
指挥着运算全部的力量！

构思于 1833 年，但直到
我去世的 1871 年，它的示意图
才被绘制出来。从未开始制造，
全都是因为英国政府的
忽视和不公！

差分机的测试部分，
完成于 1832 年。

更多分析机的示
意图请见附录 II

在巴贝奇的有生之年，两台机器的混淆给他带来了无尽的烦恼，而我此时的补充也不会令他感到愉快。但平心而论，差分机听起来更酷。

2. 几乎可以肯定，洛夫莱斯和巴贝奇一起开发了她的博彩系统这一观点，其信息来源是她的儿子拉尔夫的妻子（令人失望、枯燥乏味）的回忆录：

> 巴贝奇，分析机的发明者，是她为数不多的密友之一。而他们的共同研究带来的一个不幸后果就是，她构思了一个关于赌马的"零失误系统"。……当然了，当计算彻底崩溃后，可怕的日子随之而来，这个不快乐的女人发现自己损失了一大笔钱，大到她甚至不敢向丈夫开口提起。这一切带来了太多麻烦和悲伤，对此我不能多说。

个人而言，我很难想象巴贝奇——尽管他是个统计狂人——会卷入诸如赌博这样的事情。他不是一个能够很好地应对不确定性的人，而赌博绝对是我最难以与他联系起来的恶习！但不得不承认，在 1849 年至 1851 年，他们两人——刚好是洛夫莱斯生病前的几年，她和许多赌徒混在一起——的许多信件都有明显的阴谋特质——

> 我最好立即让你知道，病人服用艾拉斯姆斯·威尔逊的药物肯定更好。但是，当下（我的）健康已经彻底崩坏，我希望能按照你建议的计划，由你医学界的朋友进行检查和询问——回到城里后，第一时间就去。我认为这非常重要。必须采取一些非常彻底的治疗措施——否则，无论以任何方式，谋求生存的力量都将终结——你忠诚的 A.L.，于黑斯特

当然，或许是我过度解读了……毕竟，艾拉斯姆斯·威尔逊是那个时期一位真正的医生。"生存"这个词令我不禁好奇，埃达的计划是不是尝试给自己建立一笔秘密现金流，为离开洛夫莱斯勋爵做准备？在 1882 年《已婚妇女财产法》颁布之前，已婚妇女拥有或赚取的每一便士，都属于其丈夫（本质上来讲，她只有她自己），因此，一些私下交易就会派上用场。毋庸置疑，巴贝奇对她在婚姻生活中的不快乐一清二楚，我们发现，他曾在她去世几年后，随便与一些人大讲五花八门的流言蜚语：我猜"埃达"身上有许多拜伦魔鬼的影子，她和洛夫莱斯勋爵的结合并不相配，所以她很不喜欢他。同时，她对自己的母亲也无甚好感；这似乎是妻子、丈夫和母亲之间的三重反感。（这份绝妙的文件是我个人的发现，也是关于我们的英雄们的任何叙述中最具启发性的，具体参见附录 I。）

洛夫莱斯的母亲——拜伦夫人，在埃达去世前后投入了大量精力，试图收集并销毁她在这一充满丑闻和鸦片的时期的全部信件。巴贝奇气愤地拒绝交出。我想他可能也亲自销毁了其中的一些。受制于大脑和其他化学物质的失衡，洛夫莱斯的笔尖容易倾泻出令人担忧的冗长文字。她短暂的赌博行径或许是一种双向情感障碍的表现，就像在她去世之后，一些掉书袋的精神科医生——还有我——诊断的那样。

3. 巴贝奇在他那本著名的《论机器和制造业的经济》中提出了一个邮政速递系统：

让我们想象一下每隔一段距离，也许 30 米左右，就高高竖起一根柱子，并且在两个驿站之间尽可能排列成一条直线。铁丝或钢丝需要由支撑物支撑才能伸展，被分别固定在柱子上，每 5 公里或 8 公里为一段。这种使用坚固支撑物的方式，算是一种实现伸展的权宜之计。在展开后的每一点上，都应该有人驻守在小站房里。可以用两个轮子悬吊一个装着信件的圆柱形马口铁罐，在金属线上滚动。容器的构造应该能够使轮子在移动的过程中不受金属丝固定支架的

一位年轻的网络工程师正在解决一个错误。

阻碍。（他讲了很多细节，还预测了电报，同时指出圣保罗大教堂本有可能被建造得更加有用。）

（并非）无法把伸长的金属线本身用作一种更快捷的电报通讯媒介。或许，如果教堂的尖顶经过适当的挑选并加以利用，通过几个中间站与一些主要的中心建筑——例如圣

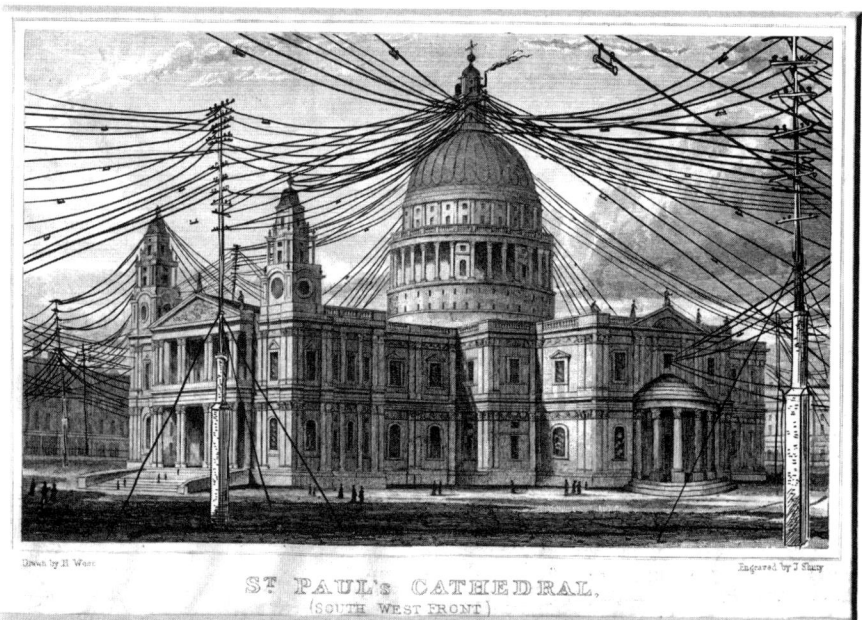

Drawn by H. Ware.   ST PAUL's CATHEDRAL,   Engraved by J Sany
(SOUTH WEST FRONT)

圣保罗大教堂
（西南方向正面）

保罗教堂的顶部——连接起来的话。而且，如果在每个尖顶顶端都安装一个类似的装置，白天有人对此进行操作的话，就可以减少两便士邮费，同时在大都市的较大区域范围内实现每半个小时投递一次。

4.1949 年，最终的经济模型由伦敦经济学院的研究生比尔·菲利普斯在他女房东的车库里建立。模型是一个由管道、闸门、水泵和阀门组成的七英尺高的集合体，用水来代表金钱的流动。它被称为 MONIAC，因早期非水基的电脑 ENIAC 而得名。其中一些用作教具，剑桥大学每年都会展示一下自己的收藏。

如何运行

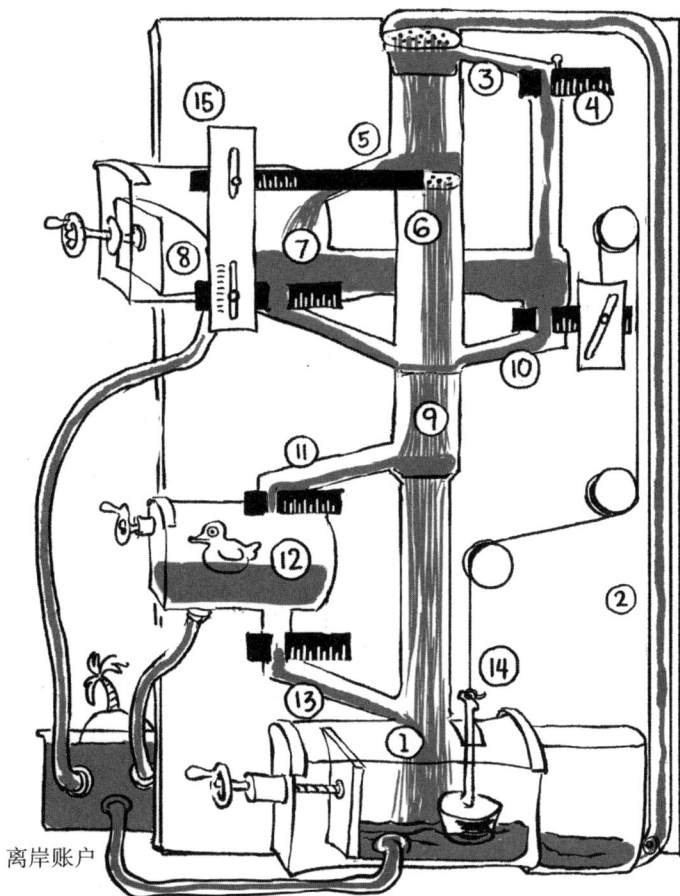

①国内生产总值（或 GDP）代表着国内全部的资金。它由泵通过一根②循环管抽上来，然后像一阵小雨那样通过经济下降。其中的一部分作为③税收立即转移给仁慈的政府，具体金额通过操纵④税率门改变。剩余部分则继续向前流动，此处，效率极高的公众会做出慎重的理性决定，将一些分配给⑤储蓄，另一些则用于⑥消费支出。储蓄金和财政盈余（暂停，大笑）一起流入⑦投资基金池。请注意⑧流动偏好 * 函数，它决定了池中有多少集中资源，以及有多少可以流回强大的⑨经济瀑布。流回后，它以⑩政府支出的形式与税收的资金重新汇集到一起。一部分资金被抽走用于购买⑪进口商品，这些钱被汇到了国外的⑫外币余额中。还有一部分资金通过⑬出口回流，再次汇入巨大的①GDP 经济海洋。

离岸账户

实际情况中的 MONIAC 很复杂，通过精巧的函数将重大事件联系起来，其中大多数因过于微妙而难以绘制。这里举例说明的是随着 GDP 的增长，⑭浮板通过扩宽一个小门，造成政府支出增加、⑮利率函数降低时，投资门就会相应扩大，而储蓄门则缩小，两者都增加了消费流。所有种种都是这个著名方程式的有形表现：

$$GDP = C + I + G + (X - M)$$

国内生产总值 = 消费＋投资＋政府支出＋（出口－进口）

---

* 指人们宁愿放弃货币带来的利息收入，储存不生息的货币以维持财富的心理倾向。——编者注

5. 身高仅 5 英尺，但在每
个工程类别中，他都建造
过其中最大、最长、最大胆
的建筑。咬着雪茄、豪饮咖啡、
每晚只睡 4 个小时的著名建筑师
伊桑巴德·金德姆·布鲁内尔自
然值得拥有一个超大号的尾注。

　　他的第一份工作是 19 岁那年，从
父亲马克·布鲁内尔那里接手建造世界
上第一条海底隧道。河水冲破泥顶将他卷
走，差点令他丧命于此。根据大约 30 年后
《旁观者》上布鲁内尔的讣告，泰晤士河隧道
是"科学的纪念碑和对资本家的警告"。这可能
是对布鲁内尔之后职业生涯的相当中肯的评价。《旁
观者》中继续写道："对他而言，那种构思出鲜
活的新想法并迅速为其填充细节的能
力，甚至可能非常危险。他可能忽然
产生一些宏伟事业的点子，牢牢抓住
灵感闪现的一刻，得到关于实现目标的大胆方
法。然后他会不断努力，不畏困难，随机应变，
最终创造出一些科学奇迹。这些奇迹会吸引世
界各地的目光，却常常毁掉
所有与之相关的经济利益。"

　　他 27 岁那年成为大西部
铁路的总工程师，从博士山
坚硬的岩石中凿出世界上最长的隧道。之后，他又建造
了世界上第一艘横渡大西洋的螺旋桨驱动铁船——SS 大
不列颠号，还有各种各样的桥梁、铁路，以及至今仍
装点着风景的纪念性建筑。如今，我们回望布鲁内尔
时，会将其视为英雄的维多利亚时代工程师的守护
神。他的同事们，跟他更多地是一些经济上的纠葛，
对他的感情也很复杂，就像不满的讣告作者在为
《工程师》这本杂志写的讣告中说的那样："在他
的所有作品中，都表现出了某种大胆，其程度
从专业角度来说等同于放弃，同时代的许
多人都认为这并不明智。"

他的一些作品：

泰晤士河隧道
大西部铁路
帕丁顿车站
1930 公里铁路
皇家阿尔伯特桥
克利夫顿悬索桥
SS 大不列颠号
SS 大东方号

伊 桑巴德

金 德姆

布 鲁内尔

6. 伊桑巴德·金德姆·布鲁内尔和查尔斯·巴贝奇是很好的朋友以及偶尔合作的人。实际上，布鲁内尔帮助巴贝奇打造了一个小型差分机，推进了分析机的起步。正如布鲁内尔写的："你的名字将永远与计算机器联系在一起，这一天终将到来（或许就在你我的有生之年），你会实现自己的全面计划，这种可能有很大概率会成为现实，如果石头再次滚动……一旦系统启动，就会出现新的需求。"

至于巴贝奇，则对布鲁内尔的宽轨铁路的速度和稳定性进行了一些研究。为此，他专门借了一节火车车厢，在上面安装了各种他自己发明的测量装置。

在巴贝奇的自传中，这场由他险些酿成的灾祸很好地阐释了早期西部铁路的狂野时代和两个人的性格。布鲁内尔先生不可抗拒的力量 VS. 巴贝奇先生无法动摇的目标：

> 在一个星期天——事实上，这是唯一真正安全的日子——我建议研究那些可观的附加重量造成的影响。为了实现这一目标，我订了 3 节载满 30 吨铁的运货车厢，连接在我的实验车厢上。
>
> …………
>
> 我看着唯一一列星期天火车启程，同时和那位官员聊天，他正煞费苦心地向我保证，无论我们选择哪条线路，都不会有危险。因为他注意到，在火车出发时，晚上 5 点前，除了我们自己的引擎外，任何一条线路上都不会再有其他车。当我们一起聊天时，我的耳朵——已经变得对远处的引擎声格外敏感——告诉我有一台引擎正在靠近。我告诉了我的铁路官员——他并没有听见，并且表示："先生，这是不可能的。""无论这是否可能，"我说，"有一台引擎正在靠近，不出几分钟我们就能看到它的蒸汽。"很快，我们两人都清楚地听到这个声音，我们的眼睛焦虑地注视着可能的方向。此刻，白色的蒸汽云在远处若隐若现。我迅速察觉到它占据的是哪条铁轨，然后转过去看我同伴的脸色。过了一会儿，我看到它发生了变化，这时他说："确实，它在北线。"
>
> 意识到它会停在引擎室后，我尽可能飞快地跑向那里。我发现只有一台引擎，满身乌黑、冒着烟的布鲁内尔刚从上面下来。我们彼此握手致意，我询问了我的朋友为何会陷入此等困境。布鲁内尔告诉我，他是从布鲁斯托过来的，想从铁路最远端赶上唯一一趟火车，但是错过了。"幸运的是，"他说，"我发现这台引擎发动着，于是把它弄了出来，并以 50 英里每小时的速度一路开过来。"
>
> 然后我告诉他，如果不是因为最微不足道的意外，我本应该在同一条铁轨上以 40 英里每小时的速度遇到他，而且我已经把我的实验车厢和 3 节装着 30 吨铁的运货车厢连接在引擎上了。接着我问他，如果他发现另一个引擎在他前进的方向迎面而来，会采取怎样的措施。
>
> 布鲁内尔说，在这种情况下，他会尽一切可能加足马力，确保以自己的速度优势击退对面的引擎。
>
> 如果撞击真的发生，那么布鲁内尔的引擎很有可能将会被我的火车以强劲的势头冲撞出铁轨，而我自己的实验车厢也将被后面运货车厢里的铁掩埋*。

---

* 倒不是说我是一个传奇的工程师或者超级天才或者其他诸如此类的人物，但我相当确定，无论巴贝奇还是布鲁内尔都不会在这次交手中"胜出"。

北极星，布鲁内尔西部铁路的第一个火车头。早期的火车头都有不同寻常的名字——伏尔甘、埃俄罗斯、狮子、阿特拉斯、鹰、阿波罗、维纳斯、蛇、毒蛇和雷神等，都是布鲁内尔起的。

卢德分子!

一个安静的数学夜晚……

突然间……

"计算机"!!

"计算机"正在攻击这台机器!!

?

捣毁者!

卢德派!
数学家们,机器已经失灵了!

恢复计算尺的使用,采用奈皮尔算法!

卢德为王!

搞死机械计算!

✿ 我总是因无意中在 19 世纪的文献里发现"计算机"一词而感到不安。例如,1825 年,弗朗西斯·贝利警告说:"其他表格中的数值仅由一名计算机计算"。招聘测量员的广告是寻找"一名好计算机"。所谓"计算机",当然,就是那些完成乏味得难以置信的算术的人类,巴贝奇设计的机器就是用于取代他们的。[1]

✿ 卢德派,也被称为"机器捣毁者"或"抢断者",是一个臭名昭著的手工编织工帮派,致力于破坏使他们失去工作的自动化机器。[2]

140

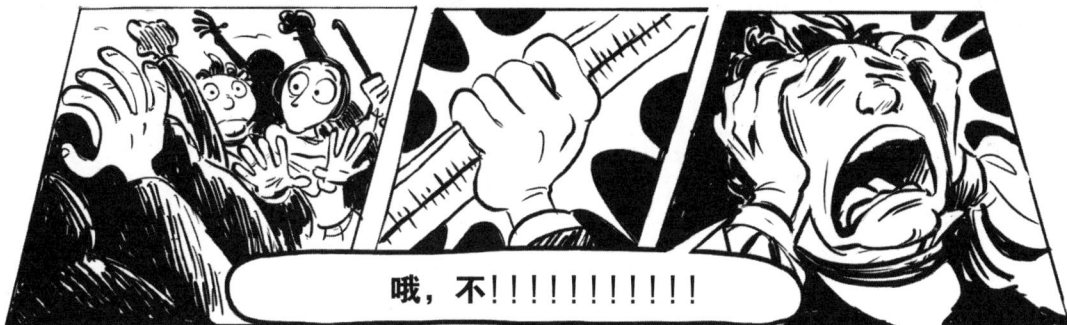

✿ "精准的讽刺"指的是埃达的父亲，拜伦勋爵，是最出名的卢德派支持者之一。[3]

141

✿ 在与维多利亚时代的"计算机们"交谈时，有必要同时称呼其为女士们和先生们——其中相当一部分是女性。[4]

✿ 在《论机器和制造业的经济》中，巴贝奇向卢德派发表了一个小演讲，文中指出，把工厂赶出一个地方，只会导致它重新出现在其他地方，不仅会减少其原来所在社区的就业机会，而且会引起来自新地区的劳动力竞争。[5]

　　越是聪明的工人阶级就越应该审视这些观点的正确性，这非常重要。因为，如果不让他们把注意力集中在自己身上，那么在某些情况下，整个阶级的人都可能会在不怀好意之人的引导下，走上一条尽管表面看似合理，实际上却与他们最大利益相悖的道路。

尾 注

1. 巴贝奇设计其机器的灵感来自 19 世纪初，加斯帕德·德普罗尼在法国发明的一种用于分解计算的工厂式方法。德普罗尼受革命大会的委托，为科学的新共和国创造出最完美的对数和三角函数表，他用亚当·斯密的劳动分工论创建了一个数字工厂。他把自己的员工分给一小群熟练的数学家，后者能够将复杂的计算分解成简单步骤；再辅以几十个死记硬背的工人，只需要做加法或减法即可。巴贝奇利用德普罗尼的简化计算法，把最底层的数学家简化为字面意义上的机器齿轮。

关于德普罗尼数表的故事，有一条奇怪的脚注。尽管他制作了 17 卷空前精确的三角函数表，结果却毫无用处。法兰西共和国在革命元年的狂热中颁布了一项法令，要求这些数表以一种极端的新公制为基础，这种新公制的诸多特点之一便是要求一个圆周有 400 度。

2. 卢德派的全盛时期是 1811 年到 1816 年，主要活动于英格兰北部。据称，他们以一个名为内德·卢德的人命名，这个人可能存在，也可能不存在。根据他的地址"舍伍德森林"，真相似乎更接近后者。随着新的制造中心中开始大量涌现节省劳动力的机器，被"节省"下来的劳动者们发现自己失去了工作。心怀不满的织布工们组成秘密组织，企图捣毁这些机器，并寄出署名为"卢德将军"的恐吓信。一篇来自《切斯特纪事报》1813 年 1 月 8 日的典型报道，以简洁的"卢德派"为标题对此进行了叙述：

> 在这个城镇和附近地区再次发生了骚动和混乱，在某种程度上使人联想起去年同期发生的不幸事件，它们都扰乱了个人的安宁与幸福。在特伦特河南边的一些村庄里，至少发生了 8 起暴力行为……这些攻击的目的是破坏纱机。每个地方都有大量伪装者实行暴乱，他们手持手枪和剑，对他们的复仇对象施加个人暴行，威胁对方倘若开口就有性命之虞。在派人看守这些不幸之人，并摧毁他们的织机后，卢德派便逃之夭夭。

一张 1812 年的反卢德派海报，确信出自"一名老织工"之手，提出了一个有趣的观点：

> 织布工和纺纱工，你们受伤了吗？你们是所有人中最没有资格抱怨的。自从机器发明以来，被雇用人数是以前的 4 倍——为什么？因为借助这些机器，你们的孩子变得可以自己谋生，更容易养家糊口。

更不用说小宝贝们如何敏捷地跳起来，避开巨大的旋转刀片！
成千上万的军队被派往北方与造成威胁的人作战并且采取了可怕的惩罚，包括死刑。

3. 拜伦爵士——似乎有意给女儿和计算的故事增添另一番诗意——在上议院发表了他的第一次演讲，为卢德派辩护。演讲词中充满了典型的拜伦式讽刺：那些失业的工人，由于无知造成的盲目，不仅不为这些如此有益于人类的进步而高兴，反而视自己为机械发展的牺牲品。他还为他们写了一首诗，其中有这样一句："打倒除卢德国王之外的所有国王。"

> 当我们编织的网完成时，
> 剑取代了梭子，
> 我们要把裹尸布
> 扔到匍匐于我们脚下的暴君面前，
> 让它深深地被他的血泊浸染。

与这个故事完全相反且令人失望的部分是，卢德派摧毁了许多不同类型的机器，穿孔卡片提花织机却幸免于难，因为它们到 19 世纪 20 年代卢德派的时代结束后才被发明出来。不过，提花织机成了法国骚乱的目标，而设计者雅卡尔本人也险些被一群愤怒的织工杀死。

4. 众所周知，英国第一位从事"计算机"工作的女性是玛丽·爱德华兹，她在 18 世纪 70 年代为

144

经度委员会计算天文定位。海军部认为，进行这项工作的人是她的丈夫。在他去世后，她不得不写信祈求军队允许自己接替他的工作，以便养家糊口。他们好心地同意了，使她成为第一位正式为皇家天文台工作的女性，比彗星猎人卡罗琳·赫歇尔还早了 3 年。根据《英国和爱尔兰早期天文学中的女性》（玛丽·布鲁克，2009）一书中记载，爱德华兹最终负责了《航海年鉴》中几乎一半的计算。19 世纪 80 年代，哈佛大学天文学系雇用了一支完全由女性组成的"计算机"团队。

5. 巴贝奇在《论机器和制造业的经济》中以相当大的篇幅讨论无情却高效的分工逻辑，以及上述劳动力贬值的后果，比亚当·斯密曾做过的更加残酷。

那么，我们已经看到，无论是机械还是脑力操作，分工都使我们能够准确地抓住并应用每个过程所需的技能和知识：我们避免雇用每天能赚 8 先令到 10 先令之人的任何一部分时间，这些人不过依靠磨针或转动轮子的技术。这些工作只需每天 6 便士就可以完成。我们同样要避免由于雇用一位卓有成就的数学家来执行最低级的计算过程而造成的损失。

一张由"计算机"（人类）辛苦制作的日志表

十滚筒旋转活字轮转式印刷机

用户

体验！

乔治·艾略特，由玛丽安·埃文斯小姐出演，反之亦然。
由 CH. 狄更斯、TH. 卡莱尔、W. 柯林斯等各位先生客串。
为满足大众的要求，著名工程师 **I.K. 布鲁内尔**先生回归。

大量的全新舞台布景 & 投入巨大成本的机械特效

神秘的中文房间

引擎的内部

穿孔器

演出以有趣的尾注和各色事实结束

斯特兰德街离我们的主角们风起云涌的数学界十分遥远，那里满是低矮的酒馆、破烂的咖啡馆和仍然低贱的……作家！

激进期刊《威斯敏斯特综述》的编辑
正在为各种校样费尽心思……

玛丽安，你最好看看这个——
来自我们伟大引擎的最新条例！
关于某人的工作——也就是
我们的朋友……

"乔治"。

"强制的
拼写检查"？

✿《威斯敏斯特综述》是一份激进的季刊，由杰里米·边沁和约翰·斯图尔特·米尔联合创办。在19世纪50年代中期，这份期刊由一位拥有自己房间的最卓越的女性——玛丽安·埃文斯——编辑。

我现在依然能够看见她，头发披散在肩膀上，安乐椅斜向壁炉，双脚搭在椅子扶手上，手中拿着一份校样，在那间位于142号后面的黑暗房间里……

（威廉·黑尔·怀特在《文学流言》中如此评价玛丽安·埃文斯。《雅典娜》，1885年11月28日。）

✿ 玛丽安·埃文斯——更为世人熟知的名字是乔治·艾略特——在1850年前后搬到伦敦开始写作生涯,刚好挤入袖珍宇宙的时间线,真是个幸运的家伙。

硬要说的话,那就是我把她巨大的鼻子画得小了。她可能不同意我画她头发的方式——在1849年的一封信里,她对自己最著名的发型充满牢骚:"她把我的卷发都弄没了,还在我的脑袋两侧弄了两个突出的东西,像斯芬克斯似的。全世界都说我更好看了,于是我妥协了,尽管在我自己看来那丑得前所未有——如果可能的话。"

✿ 乔治的对白改编自她的第一部小说作品《阿摩司·巴顿牧师的悲惨命运》中的开场白。1856 年，这部小说匿名发表在《布莱克伍德的爱丁堡杂志》上。

✿ 新警察是罗伯特·皮尔在 1829 年领导的伦敦警察厅，这是世界上第一个专业的警察组织。1840 年，邮政服务引入了邮票和统一邮资，以此取代了需要计算每封信具体运送距离的旧系统。查尔斯·巴贝奇将邮政服务的创新归功于自己，他曾经向罗兰·希尔建议采用通用邮资。后者当时是巴贝奇之子的校长，后来成为邮政局长。

✿ 查尔斯·狄更斯在《董贝父子》中生动地描绘了维多利亚时代的大规模工程项目对伦敦社区的破坏：

就在那个时期，大地震的第一次冲击把整个街区从中间撕裂。到处都是地震的痕迹。房子倒了；道路被震毁或断开；地面裂出深坑和沟；翻出了大堆黏土和泥巴；建筑被破坏，摇摇欲坠，靠巨大的梁柱支撑着。这边，一堆乱七八糟的马车，被掀翻后乱堆在一起，横七竖八地倒在一座不自然的陡峭山丘脚下；那边，无法分辨的宝贵钢铁浸泡在不小心变成池塘的液体中，开始生锈。到处都是断头的桥，道路完全无法通行，高耸

入云的烟囱断了一半，在最不可能的条件下搭建的临时木屋和围墙，破旧公寓大楼的残骸，没完工的墙壁和拱顶的碎片，成堆的脚手架，散乱的砖块，以及巨型起重机和横亘于空中的三脚架。有成千上万种不完整的形状和物质，在它们的所在地疯狂地搅在一起，上下颠倒，在地上挖洞，在空气中膨胀，在水中腐朽，像梦境一样难以理解。地震过后，热水和蒸汽一起喷发，让当地的局面更加混乱。滚沸的水在塌陷的围墙里嘶嘶作响；喷射的火焰发出刺眼的光芒和咆哮声；成堆的灰烬淤泥阻塞了道路，彻底颠覆了附近的法律和习俗。

简而言之，这条尚未完工且仍待开启的铁路正在修建中；从这场极端灾难的核心，轨道顺滑向前，迈向文明与进步的伟大前程。

✿ 与那个时期的许多女性小说家一样，玛丽安·埃文斯也以笔名写作，很多年来都成功地隐姓埋名，只是作为怀疑对象，直到《亚当·贝德》取得巨大的成功。

✿ 布鲁内尔和其四面楚歌的承包商的对话摘自 1841 年 3 月西部大铁路建设期间的一封信：

"……就像我在前几天已经给你解释过的，我别无选择——工作必须完成，而且如果你不去做的话，那么就由我来，我不会有一刻的迟疑或者一天的耽搁。因此，我正式地通知你，除非你立即尽最大的努力，并且达到我满意的程度，否则我就要剥夺你手中的工作。"当然了，我只是即兴创作了"游手好闲的落后分子"这一说法，不过他确实指责过一些可怜的灵魂"拖延得不可救药"。在布鲁内尔的信件中，充满了对那些不能达到其要求者令人毛发直竖的咒骂和威胁，换句话说，就是对每个人。

✿ 发动机持续不断膨胀的尺寸是基于袖珍宇宙里所谓的"布鲁内尔定律"。[1]

155

你好？

吧啦吧啦吧啦吧啦

吧啦吧啦吧啦吧啦

吧啦吧啦吧啦吧啦

手稿

我们的教授把自己裹在一个模糊的封皮里。（就像我在《衣裳哲学》中写的）——价格10先令，"一个纯粹且崇高思想的代表"。——《威斯敏斯特综述》

在这种悬而不决的情况下，结束会议且立即知道最坏的情况是一种解脱！（选自我的畅销书《月光石》）——更便宜的新版 5 先令——"精彩的故事结构"。——《雅典娜》

✿ 排队接受拼写检查的是一些女性小说作家，如伊丽莎白·盖斯凯尔，以及托马斯·卡莱尔、威尔基·柯林斯和查尔斯·狄更斯。最左边的是简·奥斯汀，当然了，她在我们的低级宇宙中已经于 1817 年去世。在袖珍宇宙中，她活到了 95 岁，写下大量畅销杰作，大赚一笔后过上了幸福的生活。

托马斯·卡莱尔，身材高大且面色阴沉，是一位当时出类拔萃、如今鲜少被阅读的维多利亚公共知识分子。他和巴贝奇彼此强烈厌恶，或许是因为卡莱尔不喜欢经济学家（他创造了"沉闷的科学"一说）；也可能是由于卡莱尔为捍卫奴隶制而写作，而巴贝奇则认为奴隶制是令人唾弃的；又或者根据查尔斯·达尔文的观点，这源于他们是晚宴上的对手：

我记得曾在哥哥家吃过一顿有趣的晚餐，在其他人中，还有巴贝奇和卡莱尔，他们都是健谈之人。然而，在整个晚宴期间，卡莱尔都因大肆宣扬沉默的好处而令在场的每个人哑口无言。晚餐结束后，巴贝奇以他最令人不快的态度感谢卡莱尔关于沉默的有趣演讲。

✿《女性作家的愚蠢小说》是艾略特 1856 年写的一篇匿名文章，抨击了如今被我们称为"小妞儿文学"的作品，因为其中塑造了过于理想化的女主人公——"她在情感、能力和行动方面都是个完美的女性"——并且缺乏"耐心的努力，对出版工作的责任感，以及对写作艺术神圣性的赞赏"。《女性作家》由你真正的笔耕不辍的注释者上演，尽管我可能是个女人，但我的小说毫无疑问是非常愚蠢的。

✿ 大胡子的威尔基·柯林斯过去常常和查尔斯·狄更斯一起消磨时光，他们一起创作了一部可怕的戏剧：《冰冻的深渊》。人们通常认为，《白衣女人》中朴实聪颖的玛丽安·哈尔科姆是以玛丽安·埃达斯为原型塑造的。威尔基的父亲是一位著名的画家，在埃达年轻时见过她，据他形容，埃达"一点都不骄傲"。威尔基本人从未遇见埃达，这实在非常遗憾。因为他们俩都嗜好鸦片，因此我有一种感觉，他们会打得火热。

✿查尔斯·巴贝奇是一位高产的书籍和小册子作者。到目前为止，他最成功的作品是如今看来依然很有趣的、对19世纪20年代技术领域的调查——《论机器和制造业的经济》（这确实被《雅典娜》评为"一项纯粹的满足"）。在第一版中，有一章专门讨论价格操纵和其他不正之风，或许并不明智地选择了以出版和图书销售市场为例。巴贝奇和书商随之而来的争吵延续到了第二版，这版的序言以巴贝奇对他们愤怒抗辩的反驳开始。紧接着，第三版的序言由双方在第二版中进行的辩驳以及一组新的论据构成。

✽1849年11月，T.卡莱尔给他的兄弟写道："巴贝奇始终令我非常不快，他那青蛙似的嘴巴和毒蛇一样的眼睛，他那迂腐呆板的讽刺，以及他那最刻薄的利己主义。"

✿ 狄更斯与巴贝奇和洛夫莱斯都相识已久（他在洛夫莱斯去世前几天给她读过自己的作品节选）。人们普遍认为，《小杜丽》中神秘机械装置的发明者多伊斯先生的原型就是巴贝奇，就算不完全如此，也至少以巴贝奇当时获取政府拨款的情况为创作基础。

　　"这个多伊斯，"弥格尔斯先生说道，"是个铁匠兼工程师。并非什么大人物，但人人都知道他很聪明。12年前，他完成了一项对国家和同胞都非常重要的发明（过程古怪而神秘）。先不说他为此花了多少钱和时间，可是，他在12年前搞成了。是不是12年？"弥格尔斯先生对多伊斯说。"他真是个世界上最可气的人，从来都不叫一声苦！"

我猜狄更斯在以这位过分谦虚、"没有怨言"的多伊斯先生暗讽巴贝奇！

✤ 当玛丽安·埃文斯开启她作为小说家的职业生涯时，她既不年轻漂亮，也不天真无知。写作《教区生活场景》时，她已经 37 岁了。据亨利·詹姆斯形容，她"极其丑陋，十分惹人厌恶"。那时的她和一位已婚男人一起生活在罪恶中。在一项关于维多利亚时代的法律和道德实际上如何强迫人们伪善的研究中，她的伴侣乔治·亨利·路易斯无法与妻子离婚——尽管两人已经分居，并且妻子与另一个男人生了 4 个孩子——因此他们就开放式婚姻关系取得了一致意见，这使他成为妻子通奸的同谋。玛丽安·埃文斯和乔治·路易斯一起逃到欧洲，拥有了整个时代最和谐美满的"婚姻"。埃文斯在上流社会不受欢迎，而在维多利亚时代，上流社会听上去像是一种享受。

✿ 天王星这颗高贵的行星最初由它的发现者威廉·赫歇尔（巴贝奇的密友约翰·赫歇尔的父亲）于1781年命名为"乔治"。或者更确切地说，是以乔治三世命名的"乔治亚星球"，因为他赞助了赫歇尔非常昂贵的望远镜。在国际上（也就是说，大部分是法国人）强烈反对这种不遵循传统的命名法，因此这颗新行星在18世纪90年代被重新命名——尽管直到1850年，它在女王陛下的《航海天文历》中都仍是"乔治"。一代又一代窃笑的学童可能会让天王星觉得，说不定还是叫"乔治"比较好。*

---

* 天王星英文为"Uranus"，读起来很像"your anus"，即"你的屁眼"。——编者注

✿ 巴贝奇对诗歌的定义取自维基百科关于这一话题的条目。

✿ "中文房间"是哲学家约翰·瑟尔在他 1980 年的论文《思想、大脑和程序》中提出的一个思维实验，旨在探索在人工智能背景下"理解"的含义。

　　强人工智能的坚定支持者声称，在这个问答序列中，机器不仅是在模仿人类的能力，而且 ① 从字面上来讲，它还可以理解故事，并给出问题的答案。因此 ② 机器及其程序的所作所为解释了人类理解故事和回答问题的能力。

✿ "中文房间"设想在一间封闭的房间，房间包含：一条通向外界的窄缝；一套完整的机械指令，规定如何回应指定汉字组合，以及一个不懂中文的人。有人通过窄缝向内输入中文问题，"中文房间"内的人通过查阅指令做出反应，并通过窄缝反馈结果。如果提问者无法分辨里面是拥有一套非常完备的指令的人还是一个真正懂中文的人，那么，我们怎么可能区分真正"理解"交流的人类和按部就班完成算法的计算机呢？

✿ 巴贝奇的"自动小说家"出现在 1844 年的《笨拙》杂志。² "封闭 beta 版"指的是软件的一个并不面向公众发行的版本。

我相信可以放手让你独自进行这项计划——而且不要违背算法！

你就相信我吧！

请别担心，女士，我和他们任何一个研究员一样熟知这台机器——只不过是旋弄把手和拉杠杆！

你的书类似《迪克闪电，仆人侦探》之类的吗？

咱可不敢这么想。

把材料放在接收托盘上，准备供机器阅读！

按照旋转面板上接下来的提示操作！

它会阅读？天哪，我不知道这机器能这么聪明！

准备

这只是一本小小的文学尝试……

叮！BING！

拉杠杆

需要我来翻页或者——

哦，我一直很想拉一次！

CLICK!

啊啦 FWIP!

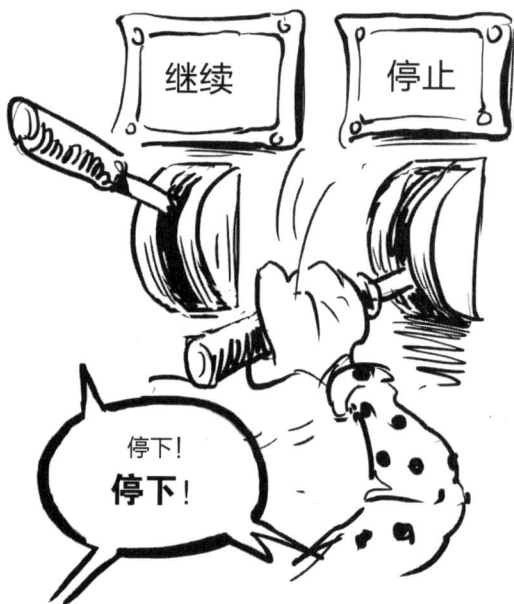

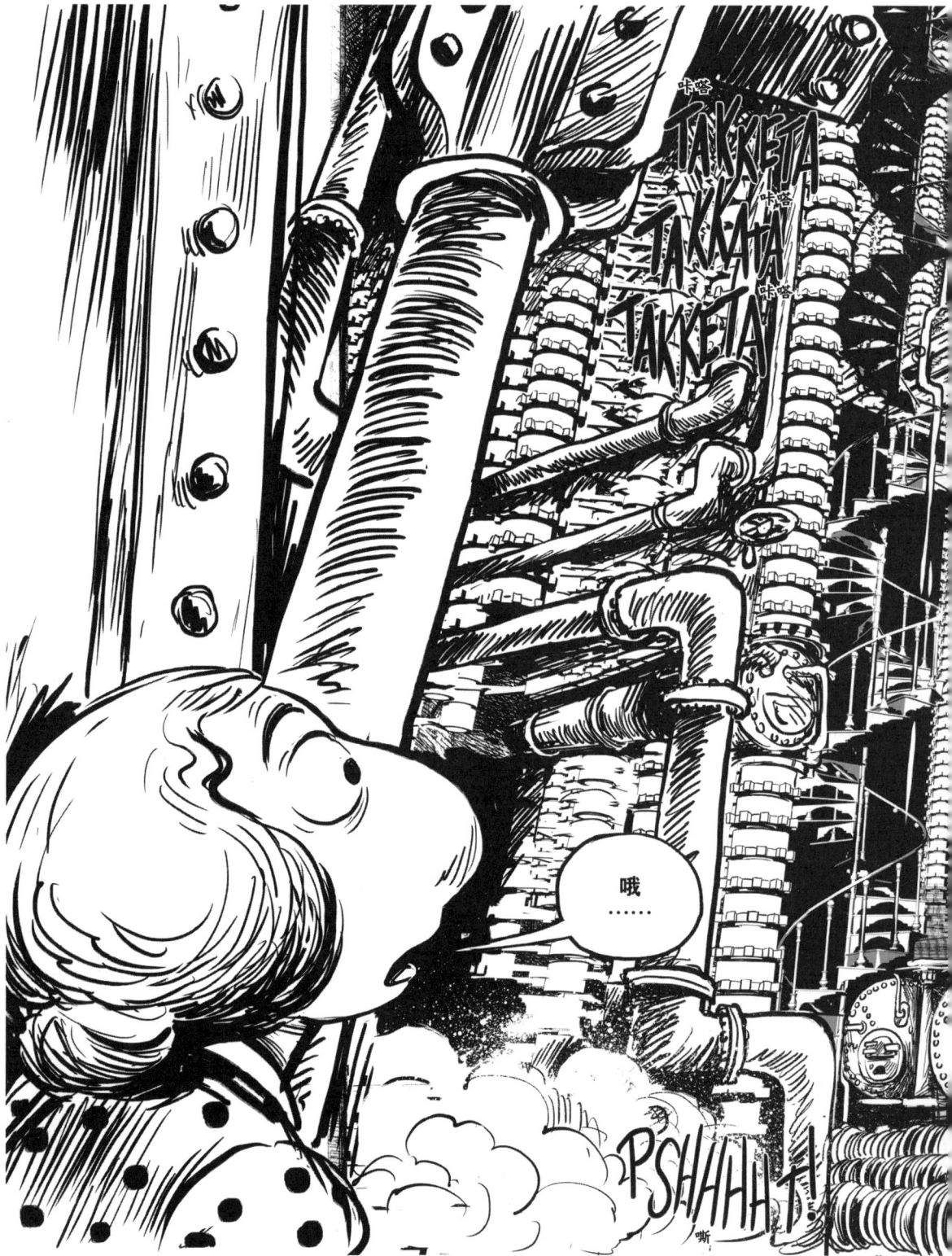

169

哦，停下!
停下!

有人吗?

看来你好像在这台机器中迷路了?

是否需要**帮助**???

你为什么不跟她一起下去? 那次政府调查之后，我们不能再失去任何平民了!

那不在你的算法之中! 而且你需要提高你的沟通技巧。

✿ 选自《弗洛斯河上的磨坊》

　　"你瞧，汤姆，"迪安先生向后一靠，终于说道，"如今的世界比我年轻时的节奏快多了。为什么呢，先生？ 40 年前，我还是个像你一样强壮的年轻人，那时的人都认为得在人生中最好的时间用尽全力，才能掌控一切。织布机转动得很慢，时尚也不会变化得那么快。我最好的西装穿了 6 年。一切都更便宜，先生，我是指支出方面。你瞧，是蒸汽带来了改变：蒸汽驱动每个轮子速度加倍，财富之轮也随之加快……"

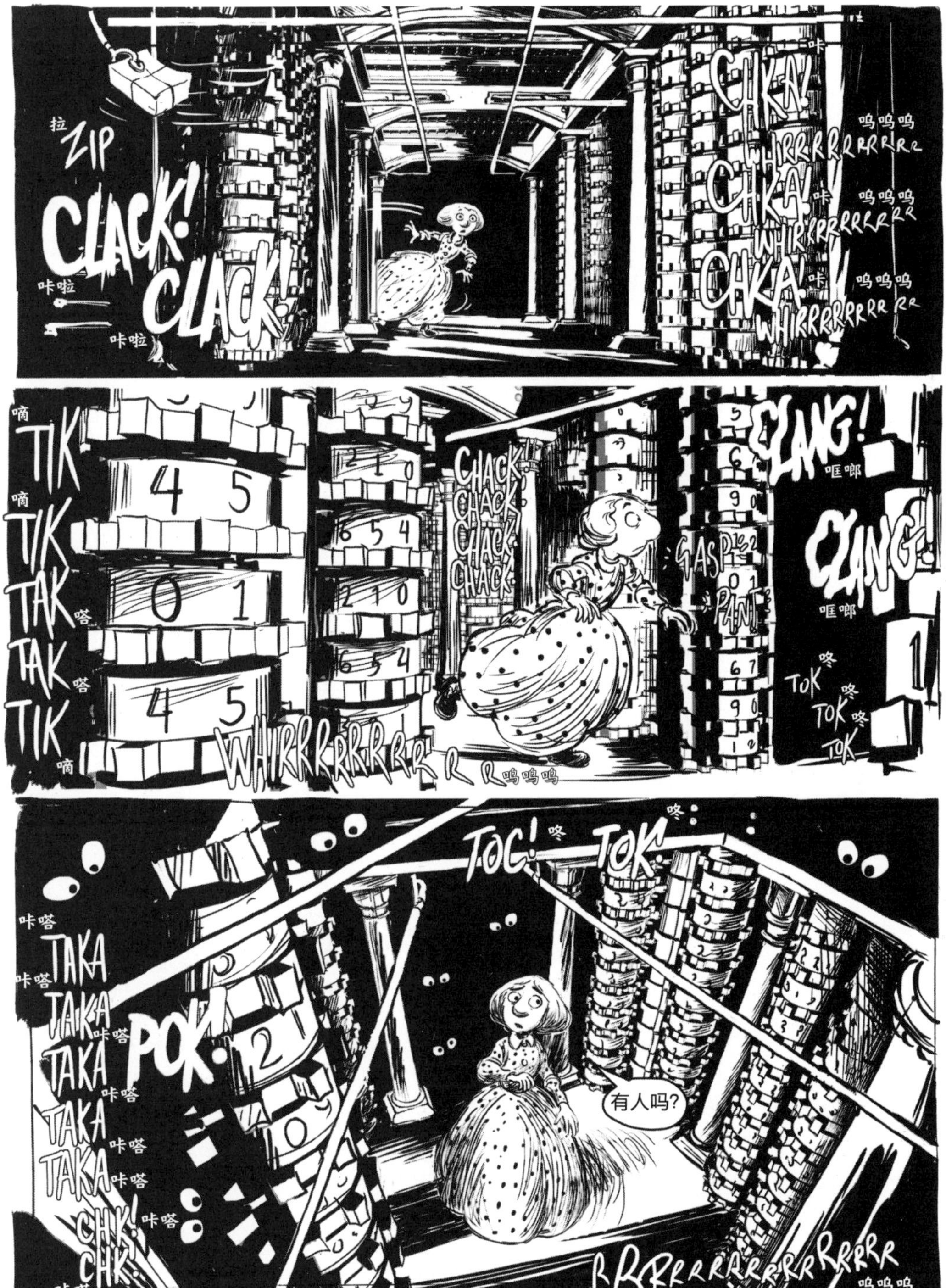
拉
ZIP
CLACK!
咔啦
CLACK!
咔啦
CHKA! 咔
WHIRRRRRRRRRR 呜呜呜
CHKA! 咔
WHIRRRRRRRRR 呜呜呜
CHKA! 咔
WHIRRRRRRRRR 呜呜呜
嘀
TIK
嘀
TIK
TAK 嗒
TAK 嗒
TIK 嘀
WHIRRRRRRRRRR 呜呜呜
CHACK!
CHACK
CHACK
CHACK
GASP
PANT
CLANG! 哐啷
CLANG! 哐啷
TOK 咚
TOK 咚
TOK
TOC! 咚
TOK 咚
咔嗒
TAKA
咔嗒
TAKA
TAKA 咔嗒
TAKA 咔嗒
TAKA 咔嗒
CHK! 咔嗒
CHK
咔嗒
POK!
有人吗?
RRRRRRRRRRRRRRRR 呜呜呜

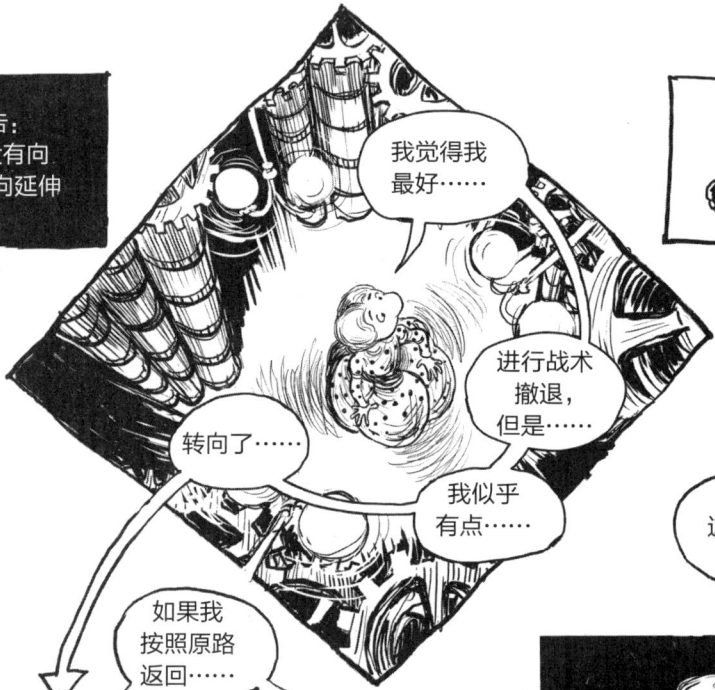

我觉得我
最好……

进行战术
撤退，
但是……

转向了……

我似乎
有点……

致命
错误

也许我沿着
这条走廊往前
走……

如果我
按照原路
返回……

**此处空间
是故意留
白的。**

或者径直
穿过……

如果我再也出
不去了会怎样?

或者我从这条
走廊而不是那条
走……

如果我一直朝着
这个方向……

错误
⊗
继续

还是这条路
更好一点?

错误
⊗
继续

错误
⊗
继续

错误
⊗
继续

错误
⊗
继续

错误
⊗
继续

✤ 20 世纪 20 年代到 20 世纪 40 年代，出于各种不同的目的，流程图被反复发明，从工厂效率计算到计算机编程不一而足。巴贝奇本人也绘制了一些令人着急的流程图，试图帮助人们理解与分析机相关的复杂数字流。

你查阅说明书了吗?

说明书?

当然了! 说明书要通过 EROTMES 获取—— 你看到了吗?

EROT——哦!

分析机

所有者使用手册

我以为它们只是这个地方的装饰……

???

它以我的**机械符号**写成，当然! 由于引擎不停运转，对我而言很有必要发明一个**标志系统**来表示它所有可能的状态……就像你马上就能看到的，简单，富有表现力，并且一看就懂! 只需一眼就足以指导你!

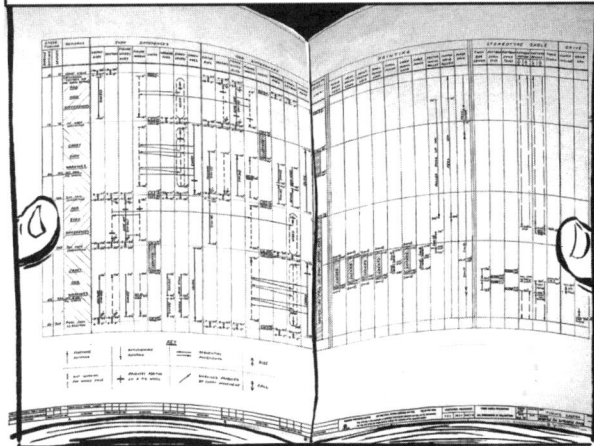

呃……

✿ 巴贝奇的机械符号是一种电路图代码，用于记录可移动部件之间的关系，这是他最骄傲的成就之一，尽管和分析机一样，其实用性很难被他同时代的人理解。在他的自传中，巴贝奇略过了系统的细节，然后对没有授予他奖励的科学协会发起了一次生硬的讽刺性抨击。在 1876 年出版的一本引人入胜的书——《机械力学》——中，我通过 F. 勒洛发现了这部分内容：

> 那些实际上对机械感兴趣的人没有注意到这一点，并且由于缺乏关注，他们无意间加剧了巴贝奇在去世前不久出版的作品中表现出的巨大愤怒。这件事情使他大发雷霆，就像雅典的泰门与他的铲子一样，不断指责同时代的人对其作品缺少理解和欣赏。不过，他在其他方面最重要的工作丝毫没有被贬低。必须指出，他的符号系统之所以不被接受，是由于自身存在缺陷，而不是公众的问题。

177

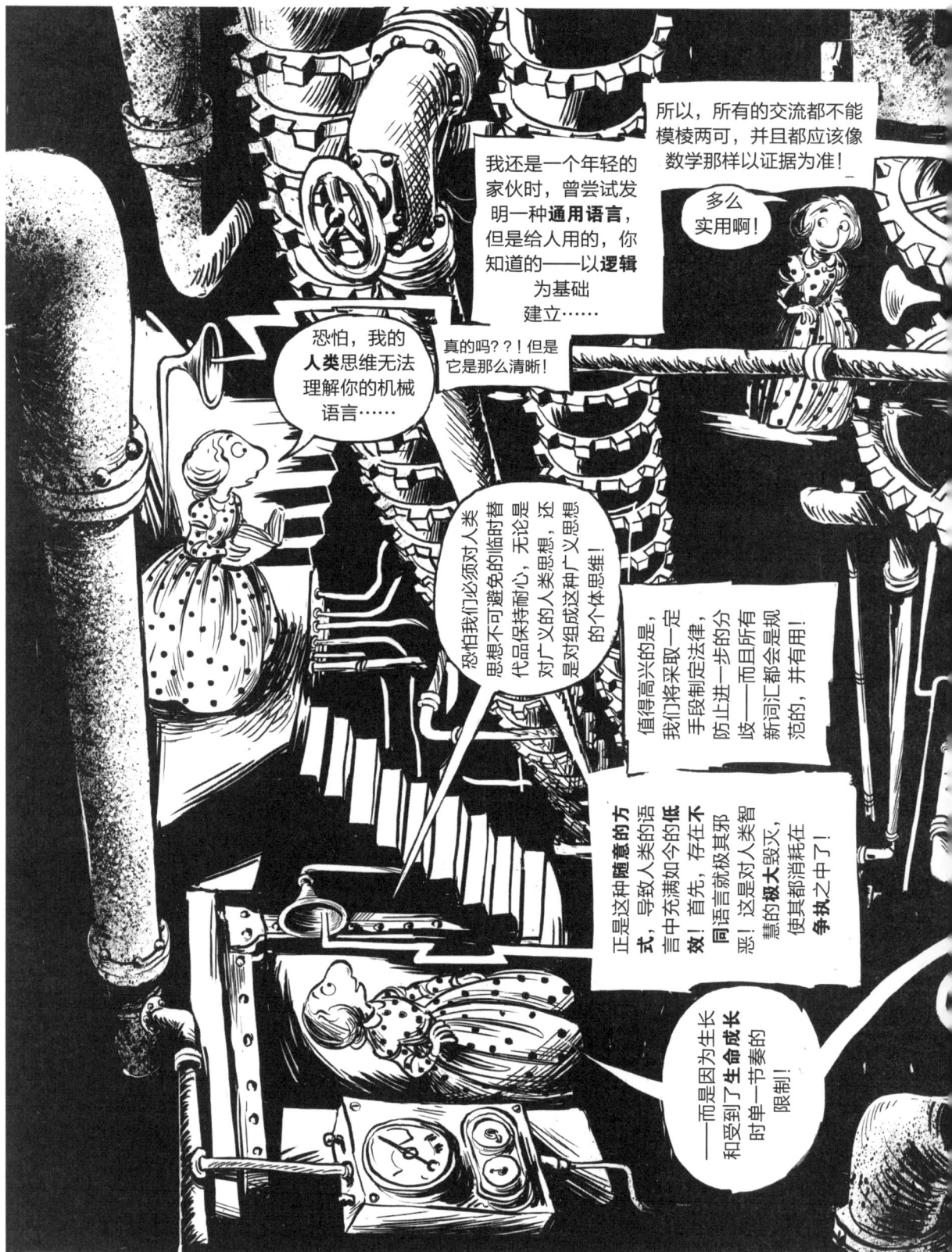

✿ 巴贝奇在自传中描述了尝试使用通用语言的尝试。

如果能够严谨地设计语言，声明就能被**缩减**到只须说必要的信息！

那你成功了吗？

很遗憾，我做不下去，因为显然不可能以任何连续的方式排列标志，也无法在需要的时候找到释义……我需要再次去机器里看看，因为现在机器可以承受这个问题了！

但是，毋庸置疑，语言的发展并不是靠想出来的，也不是通过将它**塑造成**某种承载表达的外壳——

某种先于生物本体出现的动物外壳。

但音，由于其真重着的倾向，通过在特定的条件下调整力参维也则落了一种形式。

新墙欢来自于表面美丽形态那来思维秩序初步并无为了搭配剩作的能力——

❀乔治的对话摘自其生前未发表的一篇文章：《艺术形式论》……不过，她实际上讨论的是诗歌。

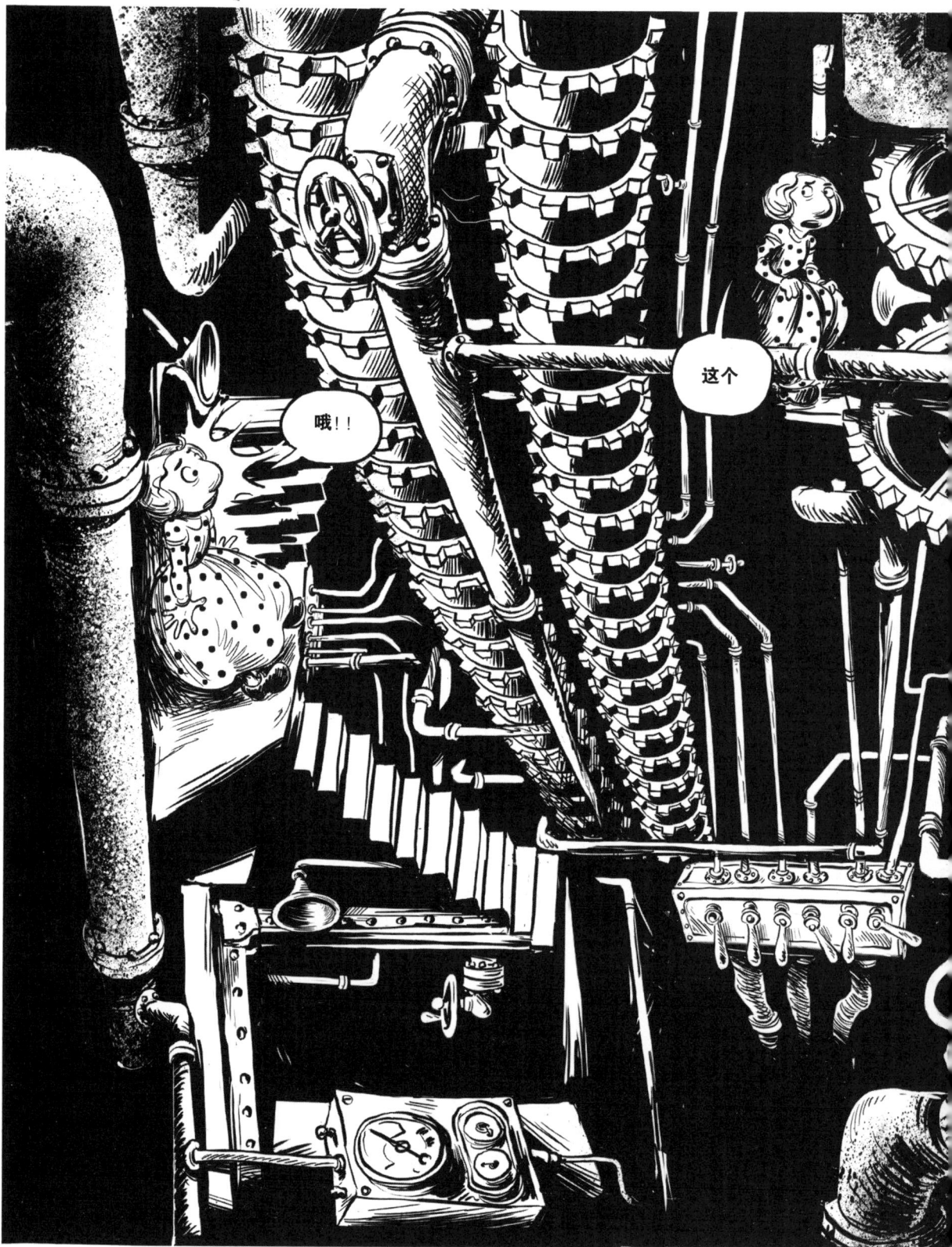

✿ 循环是分析机的核心——巴贝奇把他对于差分机的原始设想形容为"咬自己的尾巴"。

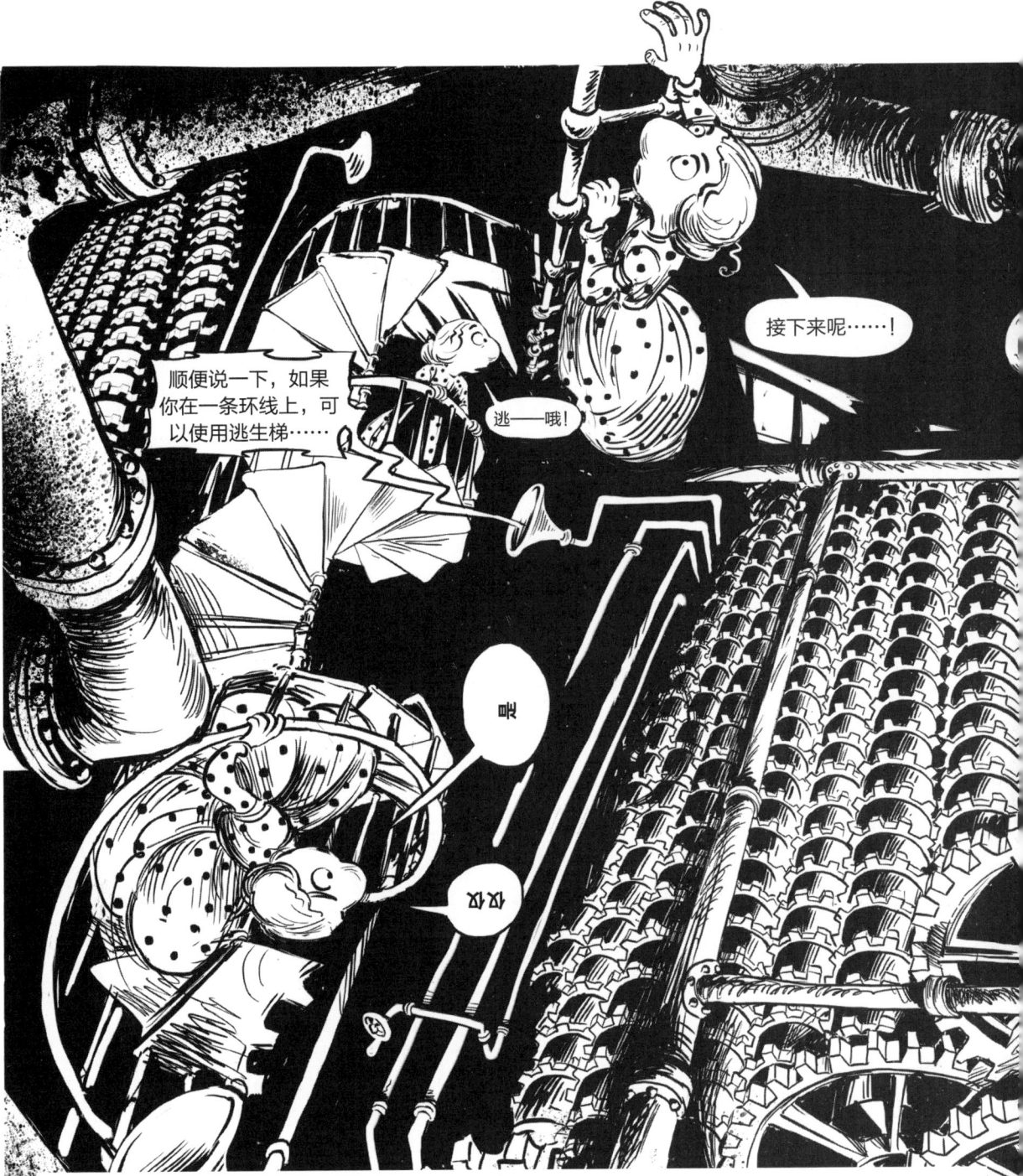

✤ 这台引擎中有一些小部件使它能够循环程序、倒带并重复穿孔卡片序列，直到得出一个特定的结果来触发终止指令——这是它最像计算机的能力之一。洛夫莱斯夫人在她的《分析机草图》中展示出程序员的观点：

> 显而易见，这种机械的改进尤其适用于数学运算中任何出现循环的地方，并且在为引擎的计算准备数据时，能够有目的地安排程序的顺序和组合，以便尽可能以对称和循环的形式获取它们，从而使前级系统的机械优势尽可能发挥到最大。

在绘制漫画页时，循环也（使我）节省了大量的时间。

❀ 磨坊就是如今我们所谓的 CPU，或者中央处理器，容纳各种加法、减法等的机制。

✿漂亮但致命的便携武器——它的涟漪反应是差分机一大引人注目的特点——并不是分析机的一部分。令我非常恼火的是,巴贝奇用他巧妙的"预期进位"取代了它们,使添加的时间缩短了几秒;对此,在附录II中有具体的描述。这非常聪明,但远不够漂亮,并且不太适合喜剧。

✿ 了不起的开关杠杆开启和关闭分析机的各个部分，由控制桶和穿孔卡片操控。

这个巨大的齿轮实际上应该是水平的——在巴贝奇 19 世纪 40 年代的计划中，引擎的中部被几英尺宽的巨大齿轮占据，它们根据磨坊的各种机制调动数字。

✿ 乔治再次引用了她的《弗洛斯河上的磨坊》：

　　我们仍可以相信，对他而言，律师的罪责比不过一台精巧机器。这台机器有规律地运转，让靠近它的莽撞人被某个飞轮或其他东西缠住，接着出乎意料地瞬间被碾成一堆肉酱。

✿ 既然有足够的空间写一条脚注，那么我不妨提一下，洛夫莱斯和巴贝奇都是动物爱好者，尽管他们其实都是爱狗之人。巴贝奇有一条名叫波莉的西班牙猎犬，洛夫莱斯则养了各种不同的猎犬，特别是一只名为天狼星的喜欢追鸡的大斑点狗。

❀ "精神不会消亡，新生将会重现 / 以其他形式，唯有位置发生变化。"（奥维德，《变形记》）

❀ 带有齿轮的长条就是"货架"——在仓库和磨坊之间传送数字的齿条齿轮装置。

✿ 数据能够被"分解"读取，意味着读取行为会损坏原稿，或者也可以毫无损坏，那就要复制一份，以便保留原稿。在这一点上，分析机与许多促进了现代计算机功能结构的事物一样，可以按照穿孔卡片的指令完成其中任何一项任务。

书籍扫描如果自动完成，就必须是破坏性的，因为书页必须被分割才能输入机器。"谷歌图书"扫描项目是手动完成的，因此偶尔会在页面上看到误入画面的手指。

✿ 穿孔卡片阅读器实际上位于分析机的底部，但是在袖珍宇宙中，它们毫无疑问是地位最高的部分，与洛夫莱斯夫人的领域相吻合。

一个**纯数学**的王国！大量**抽象**且**不变**的真理、本质的美丽、对称以及逻辑的完整性！能够让我们充分表达**自然界**伟大事实的语言！现在，随着把机器的力量扩展到**字母符号**，我们或许可以开始一项对**人类世界**这个领域的完整分析。

想象一下，随着整合**惠特斯通**的电**报**，差分机将运输、转录、分析并**永久**储存其中**最深邃**的思想，以及我们**最伟大的哲学家们最深刻的对话**！

一只猫！
在**穿孔器**中！

你们在这里!
全都毫发无损?
棒极了!

给我过来,
你这个——

过来看看,一切都
很顺利!

咯嘀嗒
TA-TICKETA
咯嘀嗒
TA-TICKETA
咯嘀嗒
TA-TICKETA
咯嘀嗒
TA-TICKETA
咯嘀嗒
TA-TICKETA
咯嘀嗒
TA-TICKETA
咯嘀嗒
TA-TICKETA

瞧!那是
你的书——

以这种格式,我们能够从作品中提取各
种类型的**珍贵信息**——字母频率、词语
使用模式……

各种**统计
数据**!

《乔治》!
目前大概前
三分之一!

✿分析机的穿孔卡片某种意义上算是一种计算机语言——它们携带有一种由人类编写的"代码"，由一个复杂的小部件转换成"机器语言"，通过切换开关直接控制机器。感兴趣的读者（我希望有一些！）可以参见附录Ⅱ，了解关于这个以及更多注释中提到的小部件的图表。

这是唯一一台差分机！对此我们只能心存感激！想象一下如果有更多这种邪恶的东西！

你们凭什么觉得自己有资格这么**做**？？

因为我们比其他所有人聪明太多了！

完全正确！

我以自己拥有同情心并能理解复杂的人性为荣。但是，说实话，我还是觉得完全无法和你们这样的人交流

——不过，等一下！

我有一张

表格！！

满意度从 1 分到 10 分！1.0482 或 1.0483 能更好地捕捉我的情绪吗？说吧，缪斯！请问，我可以保留小数点后多少位呢？

50……

多么大的表达空间啊！

猫！

✿ 在他的自传中，巴贝奇提到有几十本按照字母长度和顺序编纂的辞典——"我相信，现存的分类已经有将近 50 万个单词。"他没有提到自己为何为这一切买单以及如何支付。有人认为，一些差分机项目中消失的政府资金实际上是用于军事密码项目的黑色预算。在巴贝奇的兴趣中，密码学仅次于计算机——他因为破解了恶魔般的维吉尼亚密码而备受尊崇，正如西蒙·辛格在《码书》中形容的那样，"一个密码天才、直觉和纯粹狡猾的混合体"。按照典型的巴贝奇风格，他并没有收获这方面的名声，因为他没有发表任何与此相关的文章。

✿ "字符串"是一个计算机科学术语，指的是由有限长度的字符序列组成的数据。

✿托马斯·卡莱尔那本《法国大革命史》的初稿的命运，是可能出现在别人身上的最令人捧腹的可怕的命运之一。无论是查尔斯·狄更斯还是查尔斯·巴贝奇都无须对此负责——罪魁祸首是最有道德的人，约翰·斯图尔特·米尔。就像卡莱尔在1835年3月在给其兄弟的信中写的：

嗯，大约3个星期前的一个晚上，我们坐在一起喝茶，听到米尔轻轻敲门的短促声响。简站起来去迎接他，但是他毫无反应地站在那里，面色苍白，一副失魂落魄的模样，说话时带着清晰的喘气声……在又一阵喘息之后，我从米尔那里了解到事实：我那可怜的手稿除了大约破破烂烂的4页之外，全都被毁掉了！他遗漏了它们（太不小心了），它们被当成了废纸：因此照我的回忆，最起码5个月的辛苦劳作，仿佛一阵烟般消失不见了。

尾 注

1. 在我们自己的宇宙中，计算能力和速度的指数级增长会体现在摩尔定律中。英特尔的创始人戈登·摩尔发现，可以安装在电路中的晶体管数量大约每两年增加一倍，这解释了为什么去年你买的电脑，与下个月即将上市的线条流畅的时髦新款相比，是那么可悲地巨大而笨拙。

在袖珍宇宙中，摩尔定律被布鲁内尔定律取代，后者认为电脑（仅此一台）的尺寸每两年就要增大一倍。有一位热心的读者对此进行了一些计算，然后告诉我按照这个规则，引擎发展至今日，其体积应该已经超越了太阳。对我们这颗星球而言，幸运的是，布鲁内尔定律在实践中受到了循环时间的约束。循环时间不断将引擎恢复到袖珍宇宙形成之时的初始不存在状态。它在查尔斯·巴贝奇头脑中一个思想萌芽的奇点和一个尺寸如伦敦般的巨大结构之间的循环，当下状态取决于哪个更有趣。

这将是人们见到过的世界上**最大的差分机**！

那真的是——

更大！！

是的！

布鲁内尔定律

差分机是布鲁内尔定律循环的极端表达，消耗了大部分欧洲

摩尔定律，实际尺寸：

差分机数字轮，1834 年

电子数字积分
计算机真空管，
1946 年

二进制自动
计算机真空管，
1949 年

晶体管，
1952 年

基尔比
集成电路
（1 晶体管），
1959 年

英特尔微处理器，2300 晶体管，1971 年

27000 晶体管，1985 年

183333 晶体管，1995 年

138888888 晶体管，2013 年

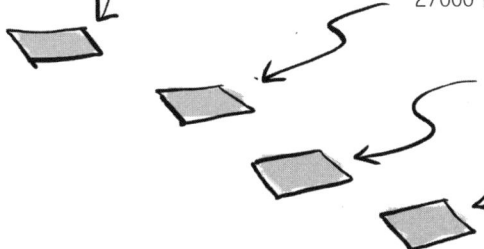

2.《笨拙》窃取了我全部的笑话，1844 年。在洛夫莱斯的论文发表一年后，我只能猜测，这一定是她在推测算法生成的音乐时的即兴发挥。

新晋专利小说家

给笨拙先生

先生：

我必须为迟迟没有回复你热情的好意而道歉，很荣幸得到你关于制造一名律师书记员的建议。经过一番深思熟虑，我很遗憾地发现，自己不可能完成一篇令我和业界人士都满意的论文。不过，我已经很成功地打造出一台新机械专利小说作家——适合所有风格和主题；尖刻、惹人怜惜、历史性、对银本位制模棱两可和密涅瓦。我毫不犹豫地向你提交几份令人备感荣幸的推荐信，这是我从最有能力做出判断的人那里得到的。

我，先生，你顺从的仆人。

J. 巴贝奇

G.P.R. 詹姆斯先生的推荐信，《达利恩》以及其他 300 部同样著名的作品的作者。

阁下——你的新专利小说作家作用巨大，我很荣幸为其做推荐。在它的帮助下，我现在可以在短短 48 小时之内，完成普通 8 开尺寸的 3 卷本小说。而在这之前，要实现同样的目标至少需要两周。为了让那些想试用它的人对这款应用稍有概念，我或许要讲一下，在我把自己的男主人公、女主人公，两个诺曼底农民，放进这台机器的"惊奇冒险部"之后的几天。启动机器，几个小时后，它开

始释放蒸汽，我发现他成了一位公爵，另外一位成了货真价实的公主。他们已经通过世界上最自然且最有趣的过程诞生了。

阁下，我是你真正心怀感激的仆人，

G.P.R. 詹姆斯

J. 巴贝奇先生

E.L. 布特尔·里伦阁下的推荐信

我对巴贝奇先生的专利小说作家非常满意，它能够生成资本状况、华丽的描述、优美的语调、完美无缺的关系，以及大量卓越且圆融的道德。我已经提出建议，并且毫不怀疑巴贝奇先生将按照同样的计划，完成专利诗人的制造——这对我而言是更迫切的需求。

E.L. 布特尔·里伦

威廉·伦诺克斯勋爵，《威弗利》的作者的推荐信

威廉·伦诺克斯勋爵向巴贝奇先生致意，他发现专利小说作家的操作比耗时费力的手工裁切系统迅速且有效得多。如今，W 勋爵除了投入一些时下最流行的作品，然后在相对更短的时间内得到一部崭新的原创作品外，再无其他事情需要操心。W 勋爵建议，按照类似的计划准备一个为人们提出想法的专利思想者。在这方面，他发现自己格外缺乏。

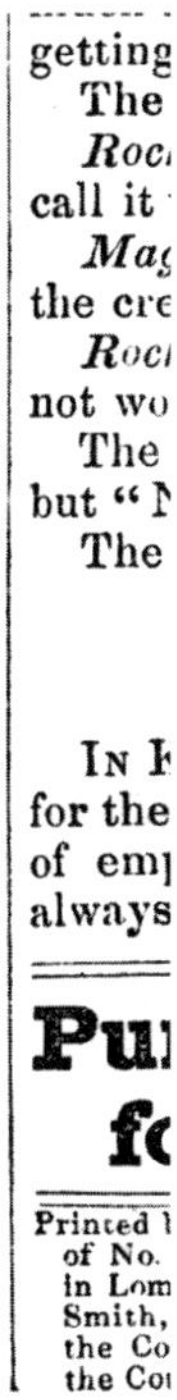

这是一部常青的喜剧，但是，以下是一些使作者遭到讽刺的背景：

勤奋的 G.P.R. 詹姆斯出了一百多本书，示例书名：《武装起来的人》《阿金库特》《走私者》《蒙塔古勋爵大事件》等。对白例如："'这是位出身高贵的年轻人，你觉得呢？'枢机主教若有所思地问道。"

爱德华·鲍尔沃·利顿是维多利亚小说界的"一只 800 磅重的大猩猩"。他写了最早的科幻小说之一——《即临之族》——以及大量厚重的畅销书。如今，他已经成为一个流芳百世的人物，留下了不朽的开场白："那是一个黑暗而风雨交加的夜晚……"还有一个以自己的名字命名的糟糕的写作比赛。他是洛夫莱斯夫人的密友，洛夫莱斯夫人的外孙女——网球冠军兼传奇的马匹饲养者茱蒂丝·温特沃斯夫人嫁给了他的孙子。

伦诺克斯勋爵的小说远没有他的几本回忆录那么受欢迎，这些回忆录喜欢采用伍德豪斯式的书名，例如《运动生活和人物的照片》《我认识的名人》等。

我不知道为什么他们要写成"J. 巴贝奇"——我猜那是个印刷错误。

❀ 乔治·布尔（1815—1864），逻辑学家。[1]

❀ 布尔的逻辑系统[2]本质上是数学，其目的在于将语言简化为方程。它允许两种表达：真或假（也可以说，是或否，1或0），以及三种关系：和、或、非。"您不进来吗？""否"——可以表述为"非［进来］＝假"。

洛夫莱斯夫人和巴贝奇先生马上就下楼，您想要咖啡还是茶？

是。

您想要咖啡**和**茶？

否。

那么您想要咖啡？

否！

所以你想要茶！

是是。

"当个男仆！"他们说，"你有足够的能力！"他们说，"根本不用动脑子！"他们说。

您想要怎么……

尾 注

1. 布尔是我在这部漫画中羞于取笑的人。他是爱尔兰科克的一位名不见经传的数学教授，一个女佣和鞋匠的儿子，有着白手起家取得成功的美好人生故事。他出生于 1815 年，生日早洛夫莱斯一个月，并且比她多活了十几年。在微分方面，他做了一些枯燥但有用的工作。他还在一本中等大小的书中，奠定了使现代计算机成为可能的逻辑基础，这本名为《思想规律的研究》的书中写满了方程。

在 19 世纪三四十年代，埃达·洛夫莱斯的导师奥古斯塔斯·德摩根一直致力于建立一个数学逻辑体系，取代亚里士多德的言辞命题，一种被传授了两千年的命题。布尔接受了这个想法，并将其推演到极端的简洁：他将一切逻辑的可能性缩减到两个状态——真或者假，是或者否——表现为 0 或者 1[*]；以及三个关系——和（乘法），或（加法），非（否定）。他书中的一个例子足以展示这在维多利亚时代的读者看来有多么奇怪：

$$t=0, y=0, x(1-z)=0, z=0, x=0;$$

由此产生以下解释：

上帝不会变得更糟。

他不会自己发生变化。

如果他出现了变化，他就是被其他所改变。

他不会被其他所改变。

他没有发生变化。

———————

[*] 实际上，布尔的系统要复杂得多——他将 0 和 1 视为大脑处理可能性的两个极端。所以对于"我想喝茶吗？"这个问题，答案可能是 0——如果你讨厌喝茶；可能是 1——如果你渴望喝一杯；但是，通常情况下是 0.54——如果你不知道是否值得起来去烧壶水。电脑使用的布尔逻辑仅包括纯粹的 0 和 1，不过，布尔自己的大部分工作，也是以上述方式处理的。

2. 在这部漫画中，布尔对仆人的三个问题的回答展示了"非"（不，我不是不进来），"或"（是的，我想要［咖啡或茶］），以及"和"（不，我不想要两者）。

布尔并非为了数学发展他的逻辑代数，而是将其作为一种解释人类心智如何运作的理论——"从在这些探究的过程中看到的真理的诸多要素中，收集一些关于人类心智本性与构成的可能暗示。"关于人类的心智如何构成的问题，和布尔的时代相比，如今我们几乎没有更多了解，但布尔系统的极简性使之成为机械化的理想之选——令洛夫莱斯有关以逻辑为基础运行分析机的观点具备现实的可能性。遗憾的是，当《思想规律的研究》于 1854 年出版时，洛夫莱斯已经去世两年之久。

巴贝奇自己也有一本，并且在章节后的空白处写道："这个人是一位真正的思想家。"* 在 1862 年的世界博览会上，巴贝奇和布尔有过一次简短的会面。巴贝奇建议布尔阅读洛夫莱斯的论文。一名旁观者在目不暇接中捕捉到了这次注定位列 19 世纪最不寻常的对话中的只言片语："因为布尔已经发现，推理可能通过一个数学过程实现，巴贝奇则发明了一台能够执行数学工作的机器，这两位伟大的人似乎一起向着打造一个伟大的奇迹——一台思考机器——迈近了一步。"

这个观点最初由经济学家威廉·斯坦利·杰文斯提出，和洛夫莱斯一样，他也是奥古斯塔斯·德摩根的学生。杰文斯痴迷于利用布尔的理论制造一台机器，并且最终于 19 世纪 60 年代建造了一架"逻辑钢琴"。这个小木头箱子有滑动的标记板条，让用户可以通过按键来分配任务与关系。对于利用逻辑钢琴可以解决的问题，杰文斯自己的例子是：

铁是一种金属
金属是一种元素

铁 = 金属
金属 = 元素

因此
铁 = 元素

这就说明了逻辑并非一切。

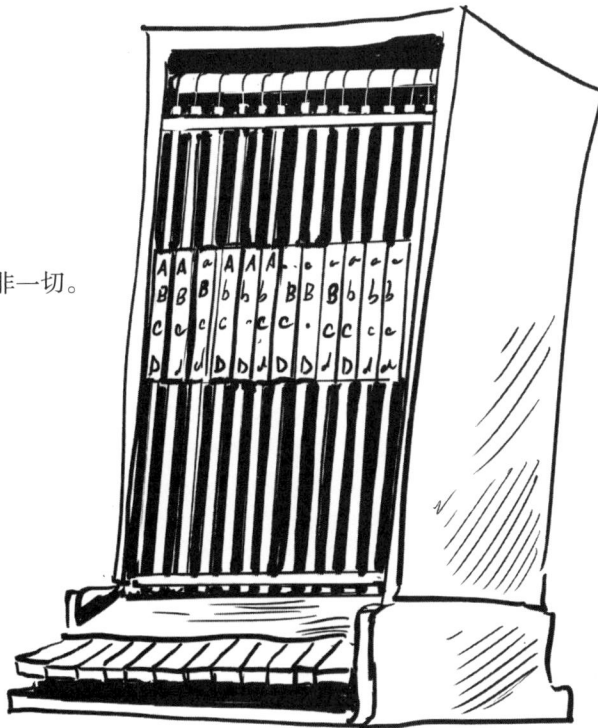

逻辑钢琴

---

* 我从最喜欢的一本关于巴贝奇的书中了解到这个美好的小故事，那是由丹麦计算机工程师奥利·弗兰克森写的《巴贝奇先生的秘密：密码和 APL 的故事》。

布尔逻辑真正的救世主——克劳德·香农诞生于布尔的下一个世纪，他是贝尔实验室的一位电话接线器工程师。他在1938年的那篇论文——《继电器和开关电路的符号分析》中，奠定了布尔的"和""或""非"在电路中的功能——第一个"逻辑门"。

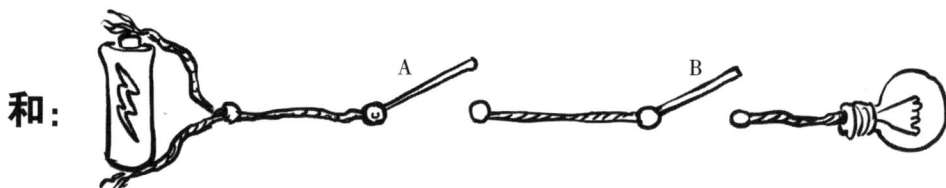

和：

如果门A和门B关闭，则灯泡发光。

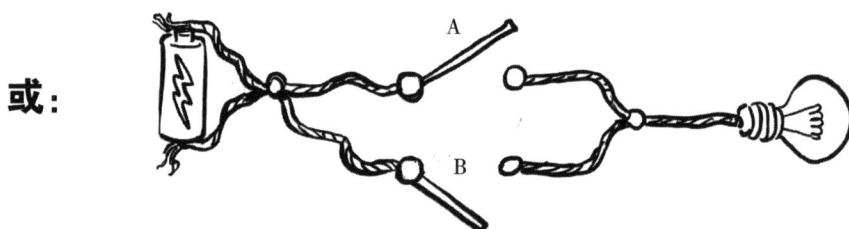

或：

如果门A或门B关闭，则灯泡发光。
（非的示意图太难了画不出来，但是也有一个。）

在20世纪40年代，电线－晶体管电路与真空管储存器被连接起来，制造出第一台真实存在的计算机。不过，它并没有想象中的分析机那么美！

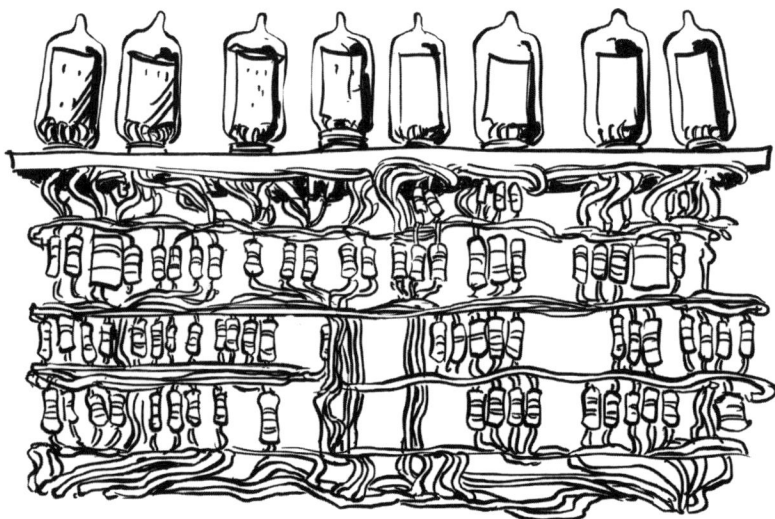

带二极逻辑门的真空管

如今，一台微处理器能在这么大的空间里
储存 50 亿个这样的门

《光学原理》，选自供学者和学术界使用的
自然哲学入门课程。
作者威廉·G.佩克，A.S.巴恩斯公司，
纽约，1873年。

作者的个人收藏

虚量理论

诗歌的危险！

数学的狂欢！

或者：埃达漫游仙境

一次哲学的娱乐！

特别出镜，著名数学家

W.R. 汉密尔顿爵士 & Ch. 道奇森先生

绝佳的新舞台布景！

第三维度

表演以惯常的尾注结束

✿ 威廉·罗恩·汉密尔顿爵士（1805—1865）是一位爱尔兰数学家，他因许多进步而著名，包括他的四元数公式——一种计算三维物体旋转的方法，这一公式意外涉及了四维空间的创造。袖珍宇宙是一个二维宇宙，汉密尔顿的方法牵涉到神秘的第三维度。因为这个笑话，我招致异常愤怒的数学家发来邮件，指出所有这些都行不通。

✿ 洛夫莱斯的对白引自一封写给奥古斯塔斯·德摩根的信，这封信是关于汉密尔顿在二维几何方面的早期工作。在第 60 页，有对这封信更完整的引用。

✤ 洛夫莱斯的对白出处同前。

✤ 自幼儿时期起，汉密尔顿就是一个数学天才，但实际上他非常渴望成为一位诗人。他把自己的发现归功于诗歌和数学的结合——

　　不要惊讶，在诗性想象和科学想象的运行之中，应该存在着一种类比，它既不模糊也不遥远。二者是同源的王座，人类带着敬仰和感激，将弥尔顿和牛顿的精神置于其上。

✿ 即使是汉密尔顿最虔诚的崇拜者也必须承认，他和诗歌最好分居在不同的星球。我要给他的诗歌蒙上一层仁慈的面纱，写得不咋地。[1] 和我持同样观点的是威廉·华兹华斯，他是汉密尔顿的朋友，并且写过一封堪称范例的名为"别放弃你的日常工作"的信：

你给我寄来了大量的诗句，我很高兴收到它们……但是，我担心这种工作会诱使你偏离科学的道路。我再次冒昧地请你认真考虑，你天性中诗意的部分是否在散文的领域才更适合其本性，这并非因为这些领域更卑下，而是因为它们可能会被优雅而有益地践踏。

每当我要背诗的时候，似乎总会发生什么事……

可真是干钧一发啊！

我不相信我们中有人能从汉密尔顿的诗歌背诵中幸存下来……

尤其是**你**，洛夫莱斯——我希望你不要冒险尝试这个诗歌和数学的事情！

你知道诗歌会对你起什么作用……你那危险的**遗传倾向**！

别胡说八道了，巴贝奇——

我完全可以自控！

哼。

我需要你能完全控制自己的神志！我们将有大量的工作要做——

牛津大学数学系将派一个人带一些很重要的计算过来……

年轻的家伙——道奇森，是叫这个吗？

受过**牛津**的教育，我猜我们需要多体谅一点。

SNIFF 哼

✿ 确实，在 19 世纪，牛津大学在数学方面的名声远远低于剑桥大学。当然，巴贝奇是剑桥大学的卢卡斯数学教授。

220

不久之后……

这是个必须小心控制的实验……

首先，一些数学运算……

现在……只需要最细微的诗意……

嗯哼，一本没有图表或公式的书有什么用？

然后是更多的数学运算……

然后只要再多一丁点的诗意……

❀ 虚数，也被称为虚量或不可能的数字，是 19 世纪早期数学的一个关注的焦点。[2] 汉密尔顿的很多数学工作都涉及用定律和方程式来约束它们。

❀ 在 1841 年的一封信中，巴贝奇嘲笑洛夫莱斯自称为他的"仙女"——"为什么我的朋友更希望我们的友谊有个虚假根基？"洛夫莱斯在她关于分析机的论文中，很有信心地认为机器在虚数方面不存在任何问题。"我们必须提出一个实际结果，在我们看来，这种独立方式一定极大地方便了机器命令并组合各种操作：我们认为虚数正是实现这些组合的一部分。"或者，换一种说法，计算机不能区分有意义和无意义，只能区分符合逻辑和不合逻辑。

数学科学表明是什么。这是讲述事物之间看不见的联系的语言……

但是，想要使用并且适用这种语言，我们必须能够充分领会、感受、捕捉……**潜意识**！

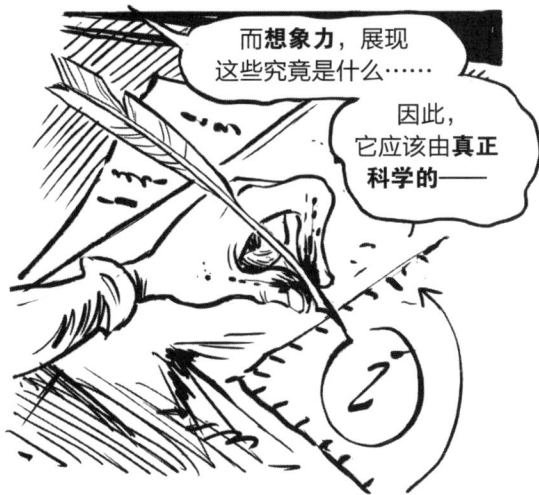

而**想象力**，展现这些究竟是什么……

因此，它应该由**真正科学的**——

那些想进入我们周围**世界**的人培养！

✿ 埃达引用了一篇从未完成的关于想象力和科学的论文草稿，听起来很像汉密尔顿。在我们的宇宙中，洛夫莱斯是把数学与诗歌结合起来的热忱拥护者，她将自己的数学研究归功于"想象力的巨大发展，如此之大，以至于我感觉如果继续我的研究，假以时日，我无疑会成为一名诗人。这种结果可能看起来很奇怪，但是，对我而言，它并非如此"。她确实创作了一些诗节，但是我很遗憾地表示，它们几乎和汉密尔顿的一样糟糕。

✿ 和许多维多利亚时代的人一样，洛夫莱斯除了诗歌之外，还摄取了大量改变思维的物质。她因"狂躁症"而被好心的医生开了鸦片处方，并在这些药物的影响下写出一些奇怪的信。在弥留之际，她还尝试了大麻制品，称其效果"非常明显"。

现在，或许我已经处于合适的状态，让我的脑袋进入这个**第三维度**！

平面如何在另一个轴上延伸呢？……

所以我们可能进入这个神秘的他界……

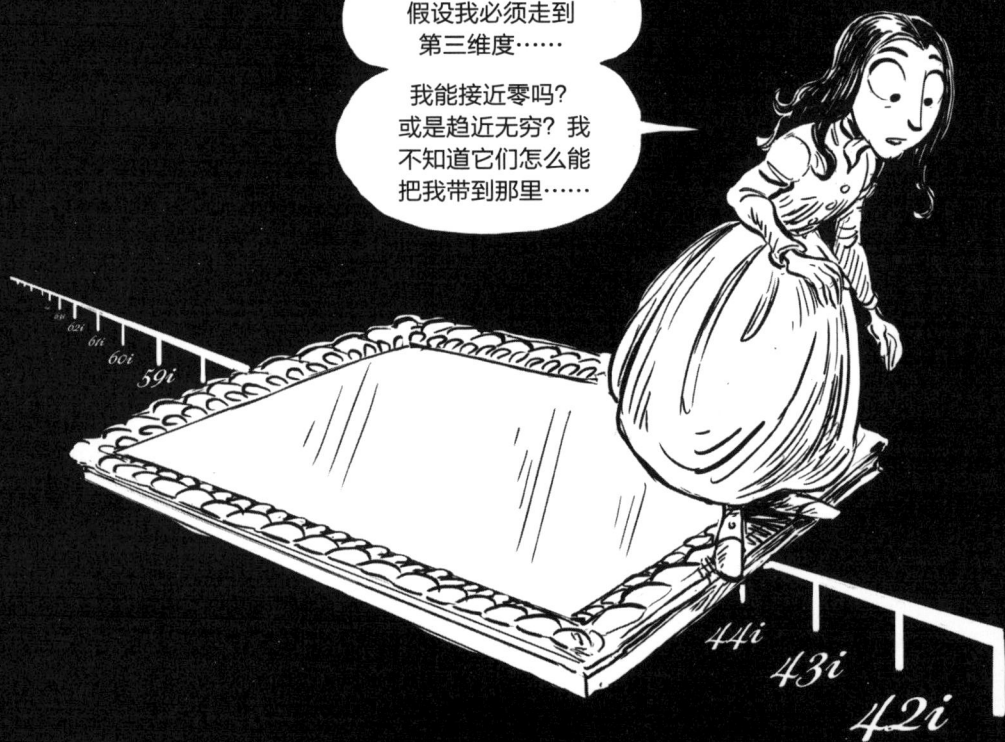

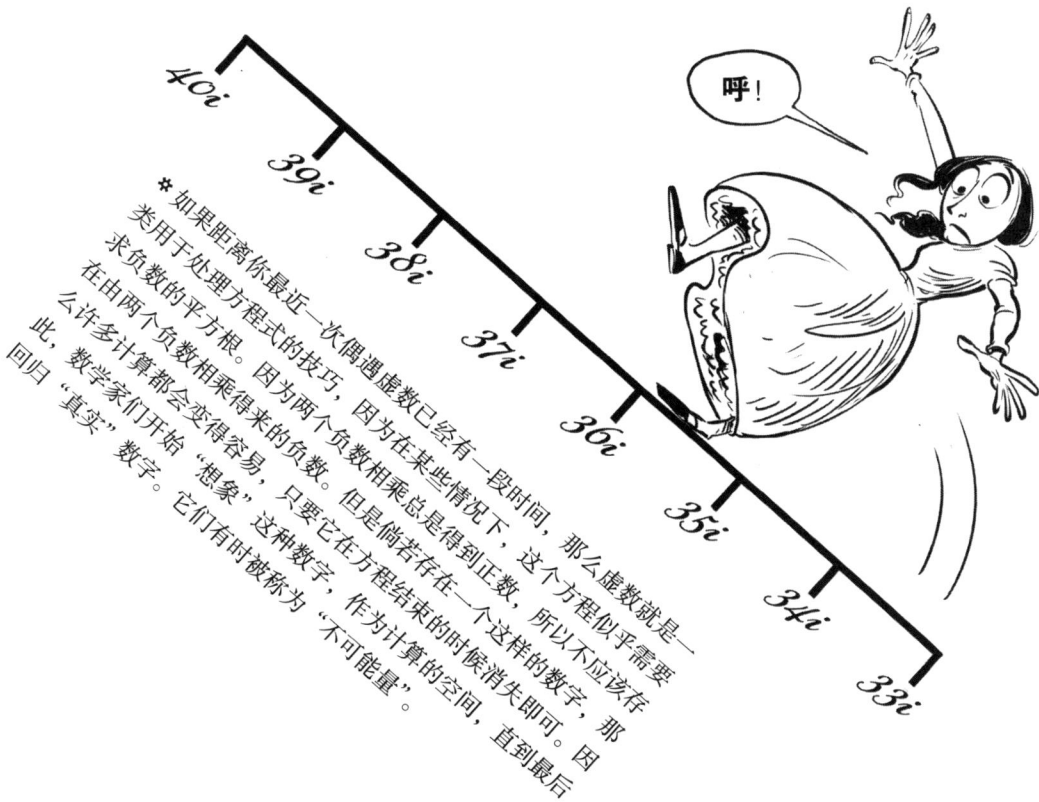

✾ 如果距离你最近一次偶遇虚数已经有一段时间，那么虚数就是一类用于处理方程式的技巧，因为在由方程似乎需要求负数的平方根，这个方程似乎需要存在由两个负数相乘得来的负数。因为两个负数相乘总是得到正数，所以不应该存在一个这样的数字，那么许多计算都会变得容易，只要它在方程结束的时候消失即可。因此，数学家们开始"想象"这种数字，作为计算的空间，直到最后回归"真实"数字。它们有时被称为"不可能量"。

227

✿ 如今，几乎每个人都会学到虚数在一条与从左到右的"实数"线垂直的线上"上上下下"。这着实是一种后发优势；它由法国书商让·罗伯特·阿尔冈在 1809 年提出，这也是为什么它有时又被称为"阿尔冈平面"。[3]

✿ 汉密尔顿在复数方面的工作涉及尝试在这个系统中添加第三个轴，从而创造一个三维虚数空间。正是在试图描述这个空间的规律时，他无意中撞进了第四维度。[4]

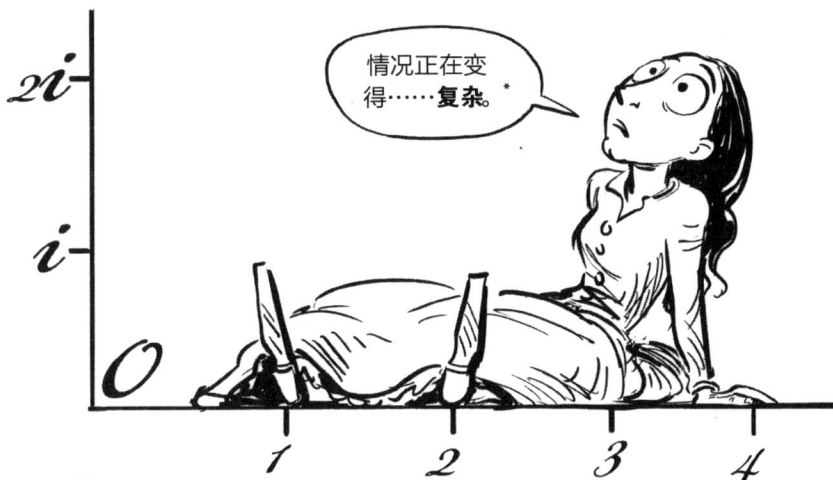

❀复数由实部和虚部组成。就像洛夫莱斯一样，它们存在于轴线间的空间。

❀零是一切轴心，它既是实数又是虚数。洛夫莱斯对零很着迷。这一点正如戈特弗里德·莱布尼茨，对他而言，零和数学本身一样，都有一个精神维度。正是这一点，让他想到如今成为计算机核心的二进制数："以上帝的全能，从虚无中创造出万物，或许可以说，没有比这更好的类比了，甚至没有什么比这里表示的数字的起源更能证明这种创造，只使用一和零或无。"他还写道："虚数是神圣之灵的美好源泉，简直是存在与不存在之间的两栖类。"

✿ 如果以二进制计算，洛夫莱斯的加和是正确的。

✿ 除以零是一个错误，因为零是"未定义的"。对于为何不可以除以零，最简单的解释是：举例来说，你可以把派分成 5 份发给 5 个人，或者把派分成 1000 份发给 1000 个人；但是，你把派分成 0 份就可以送给 1 个人、100 万个人、无限个人，或者 0 个人。答案可以是任何数，所以什么数字也不是。零并不是什么都没有，因为可以是一些什么……你看，这不是那么直接明了的！

✿ 这里存在一个爱丽丝漫游仙境式的难题：当洛夫莱斯的母亲试图通过严谨的数学研究来限制埃达的心智中得自遗传的诗意紊乱时，她的导师奥古斯塔斯·德摩根却担心一个众所周知的事实——学习数学会损害女性大脑（见附录 I 中的信件）。如果她不是因为没有学到足够的数学而发疯，那就一定会由于学了太多而疯狂。善变的洛夫莱斯本人在这两种观点中摇摆；对于第二种情况，她曾经在给德摩根的妻子索菲亚写信时表示：

> 我经受的狂躁和突发奇想永远没有尽头，只有凭借我最坚定的决心才能加以掌控。这混乱是一只九头蛇般的怪物，一种形态刚被征服，另一种形态就立即出现。……许多原因导致了过去的癫狂，我以后会避开它们。其中一个因素（但只是众多因素中的一个），就是太多的数学。

另一个埃达！

听着，我们中只有一个是真实的，而且我相信那不会是**你**！

啪啦！
SPLAT!

你为什么！

✿ 任何一个对埃达·洛夫莱斯有更多了解的人都会逐渐意识到，有一个盘旋在她身份上的星号是"第一位电脑程序员"*。

* 这个头衔受到一些学者的质疑。** 参见：《埃达·洛夫莱斯：一个骗子兼一个疯子》，A 学者著。
** 一些学者对此质疑提出异议。*** 参见：《洛夫莱斯：从有偏见的诽谤中得到辩护》，B 学者著。
*** 还可参见：《你知道什么，你这个神经错乱的虔诚信徒》****，C 学者著。
**** 还可参见：《你来到这里，并且说道》*****，D 学者著。
***** 诸如此类。

✱大众想象中的埃达·洛夫莱斯（此处将"大众"定义为真正听说过埃达·洛夫莱斯的人）是一位超级数学天才，也是计算机的共同发明者。在一个极端的结局中，她将巴贝奇排挤出他的机器设计，这也是非常正确的，因为他实际上窃取了她的想法，而她的贡献被父权机制忽略了。

还有一个自称为"揭穿真相"的群体，声称洛夫莱斯只是一个政治正确的空洞的女权主义象征。巴贝奇，他的友谊和对她智力的尊重只是假象，虚伪地容忍了一个令人失望、能力有限的埃达，并利用她的名字作为一篇基本上是他自己写的论文的幌子，其中当然包括所有的计算机程序。正如一位巴贝奇学者愤怒地指出的："埃达疯疯癫癫的，给'补充说明'带来的只有麻烦。"

这两个互相竞争的卡通形象——超级洛夫莱斯和反弥赛亚洛夫莱斯，都是从模棱两可的杂乱信件、论文、同时代的描述等中构建出来的，它们都远非数学上精确的历史材料。一条脚注几乎不知道该怎么去判断！

对了，作为一条脚注，我在这里应该注意到，任意的符号是 19 世纪早期数学争论中的一个热门话题。[5]

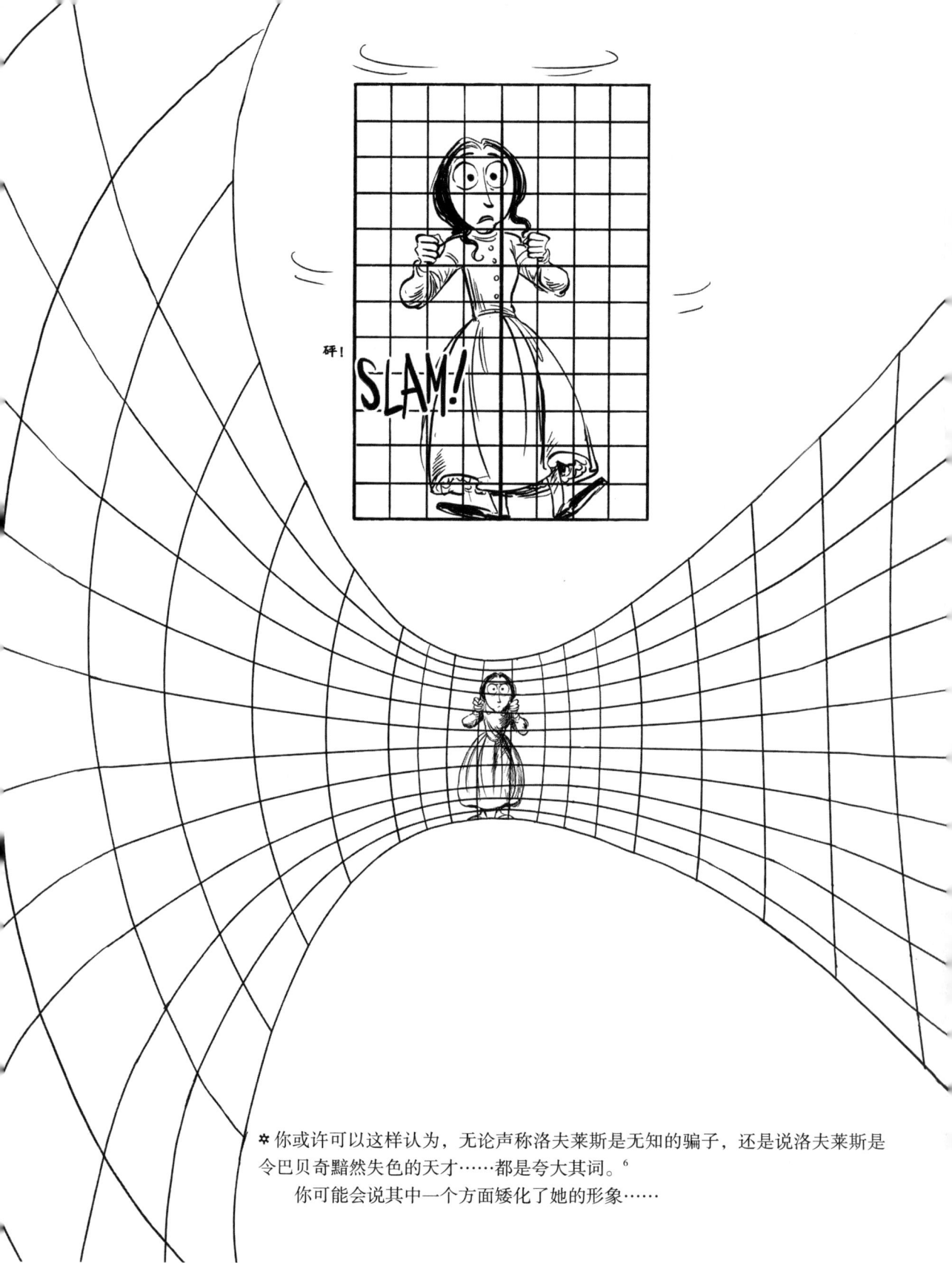

✿ 你或许可以这样认为，无论声称洛夫莱斯是无知的骗子，还是说洛夫莱斯是令巴贝奇黯然失色的天才……都是夸大其词。[6]

你可能会说其中一个方面矮化了她的形象……

✿ 不过另一个方面让她的形象变得更加高大。

✿ 仙境法庭的第 42 条规则被红心国王宣布为书中最古老的规则，但是后来爱丽丝指出，最古老的应该是第一条。

✿ 现在，你或许正在寻找注释在揭示关于埃达·洛夫莱斯真相方面的客观权威性。但是，我不是数学家，甚至不是一位学者，尽管我是一条注释！对一个卑微的注释者（更不要说一个更卑微的漫画家）来说，介入这场纠纷似乎超越了我的能力范畴。一方面，在我看来，巴贝奇和洛夫莱斯之间的信虽然偶尔出现争吵，并且经常显得很奇怪，但情感真挚且彼此尊重。尤其是在写作补充说明期间的通信，似乎清楚地显示出洛夫莱斯做了大量繁重的数学工作，巴贝奇对此也表示赞同。

另一方面，一些远比我聪明、比我更懂数学的学者则极为雄辩地反对她。即使是我也不得不承认，埃达在信中表现出的浮夸态度和妄想，无异于得意忘形地将几英寻 * 长的绳子交给那些想要吊死她的人。毫无疑问，证据模棱两可。形成一种观点更像是从散落的星群中看出一种模式，而不是巧妙地遵循一个万无一失的数学证明。一旦有人勾勒出骗子洛夫莱斯的画像，就很难再去无视它。在我最黑暗的时刻，我那才华横溢又麻烦缠身的埃达有可能重组自己，就像一只兔子在视觉幻象中变成一只鸭子，成为轻蔑的巴贝奇的欺诈工具。

✿ 要是有人来救我们就好了！

---

* 1 英寻 ≈ 1.8 米。——编者注

✿ 会是谁呢？

✤ 为什么，查尔斯·巴贝奇，就是他！

✤ 简单来讲，反对埃达的立场是，巴贝奇从不是洛夫莱斯真正的朋友，他并不认为她是一个好数学家。而且基本上是他自己给机器写的补充说明。所以你可以想象，我偶然发现一份文件能将上述所有观点一笔勾销时，是多么快乐。更浪漫的是，这一发现来自一封刊印在一份鲜为人知的废弃杂志（尽管不是——我很遗憾地承认——在一座破败城堡尘封的档案室里。我用自己的电脑在谷歌图书中靠巧妙的搜索关键词找到了它）上的私人信件。这给了它重新发光的机会。这份杂志是短命的巴尔的摩期刊《南方评论》的1867年版。这份文件，则是亨利·里德在1854年写的一封家信，他讲述了埃达去世约两年后，巴贝奇的一次来访：

241

我发现你很欣赏我的**蒸汽战马**!

那是我自己的发明!

我想你一定没怎么练习骑它!

你是什么意思?我进行过大量训练!

我有**很多**发明!

但是最聪明的一件——这解释起来有点困难——是一种**研磨数字**的磨坊!

那一定很难建造!

PSHT!
斯斯

CLANK!
吭当

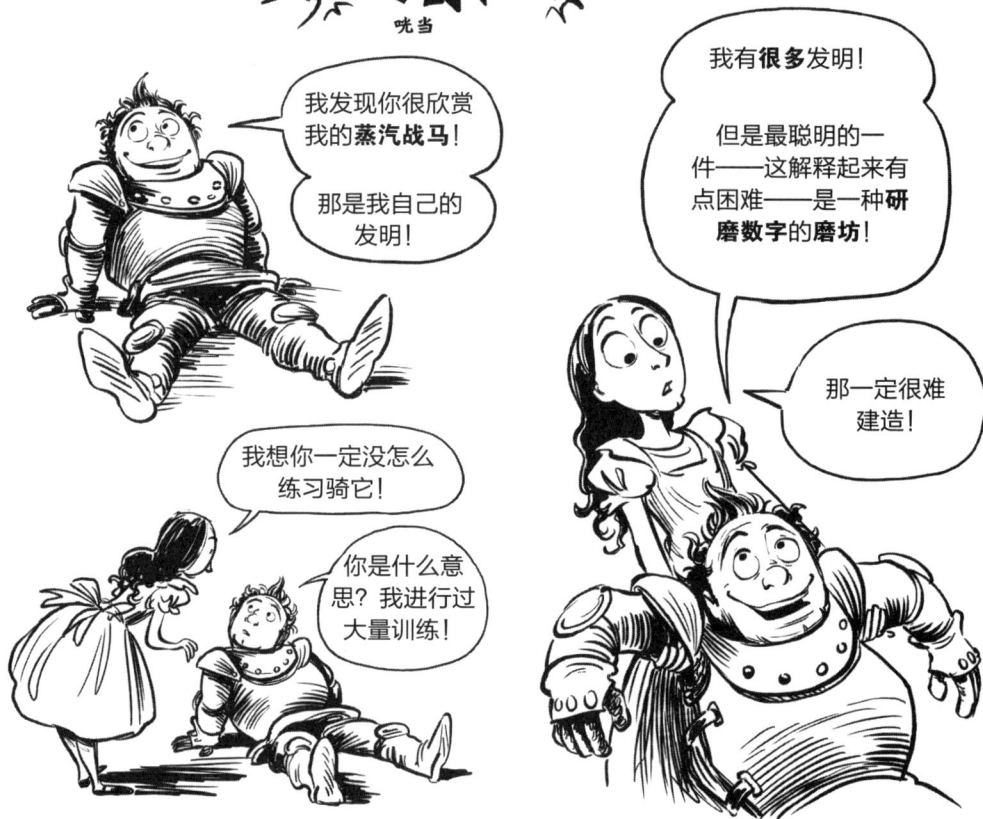

　　他起身准备离开时,碰巧提到了已故的洛夫莱斯夫人(拜伦勋爵的女儿埃达)。他非常了解她,对她的数学能力给予很高的评价,她的特殊能力更是比他认识的任何人都强,然后准备开始(我相信是的)进行与他的计算机器相关的描述(恐怕此处我没有正确表达他提到的主题的确切性质)。他把她描述得绝对无法想象。正是对她悲惨的一生——他称之为一个悲剧——的回忆让他难过了一阵,因为当他再次提起往事时,语气变得低沉,态度如此阴郁,以至于我站在那里聆听他讲话时,几乎不敢相信他就是一个小时前进入房间时那位举止神经质的绅士。他的话语和态度中都充满了感情,因此我觉得不能随便向他询问,他所说的生活不幸的确切性质及其悲惨结局。

哦！好吧……

还没有**彻底**完成……

它并不完全是你可能称之为**真正**引擎的……

哗啦！

CRASH!

实际上，我认为它永远不会被制造出来……

但它仍是我发明的一台非常聪明的机器！

（洛夫莱斯遭遇了很多不幸，但是巴贝奇——我敢肯定——指的是她因癌症而缓慢走向死亡的痛苦。）

巴贝奇——上帝保佑他——有他自己的缺点；但是，如果说在他的性格中有一点显然易见，那就是他几乎不可能不真诚。自从发现这封信后，我对那些学者失望透顶。如果查尔斯·巴贝奇本人告诉我，埃达·洛夫莱斯是他亲爱的朋友，还是一位有着神秘能力的魔法数学仙女，打算进行一些与他的计算机器相关的神秘数学操作，我准备相信他的话！

无论如何，你都可以说，实际上巴贝奇和洛夫莱斯都没有发明计算机或为其编程。分析机从来没有被制造出来，而我们的主角，最终只是历史的注释。

✿ 正如我们前面已经看到的，巴贝奇经常对圭尔夫阶准爵士的赠予感到愤慨。

✿ 刊登在《雅典娜》上的一篇关于巴贝奇自传的有趣匿名评论赋予他一种讨人喜欢的白人骑士性格："巴贝奇先生身上既有伟大的一面，也有善良的一面，但他却不断自己绊倒自己。"

虚数
确实……

✤查尔斯·道奇森[7]有明显的口吃。

永远也不会有什么分析机！巴贝奇永远也完不成这个该死的东西！

我们现在只是笑柄而已……多年劳作，只不过在一本期刊上发表了一篇理论论文，并且没有任何能工作的机械装置的痕迹！

埃达！

过来，埃达，休息一下……

或许你读了太多**诗歌**！

呃，请换个时间再来！

当——当然……

SLAM！
砰！

是**她**，还是我疯了？

更确切地说……

尾　注

1. 我改变看法了，以下是汉密尔顿的颂歌，他以此告别诗歌，踏上数学的苦旅：

> 美的精神！尽管我当下的生活
> 因庄严的宣誓而与真理姐妹紧密相连；
> 尽管我似乎必须离开你的圣山，
> 但是你对我内心的影响仍在：
> 带着永不断绝的希望，
> 伴着永不熄灭的欲望，
> 去看向你们共同住所的荣耀，
> 那是家园和诞生地，在上帝的宝座旁！

　　嗯，他是个很棒的数学家！

2. 当你读数学史的时候，会为新想法需要多长时间才能被接受而感到惊讶——虚数在 16 世纪被创造出来 *，但是直到 19 世纪 20 年代至 19 世纪 30 年代，关于它们究竟是否真的属于数学范畴，仍然存在极大的争议。

---

* 或者说，发现。数学是被创造的还是被发现的是一个历久弥新的哲学辩论话题。柏拉图式的数学家相信，数学本身就"在那里"，因此是被发现的；反柏拉图主义者则认为，鉴于数学是一种人类的工具，所以它是创造的产物。

3. 实际上，一个叫加斯帕·韦塞尔的人在 1799 年发表的一篇论文中就提出了复数平面的概念，但无人问津，因为它是用挪威语写的。然后，卡尔·弗里德里希·高斯——这些尾注将涉及其中部分——在他的私人笔记中解决了这个问题，但是出于只有他自己知道的原因并未发表。阿尔冈非常聪明地用流行语言——法语——将其发表，所以他享有了优先权。

4. 和虚数一样，汉密尔顿打破了常规直觉，让数学遵循其自身的逻辑，从而解决了他的旋转问题。正如你所想，有许多复杂难懂的数学，但是，理解它们的一种方式就是想象一个四维球体——这似乎听起来比实际情况更神秘：

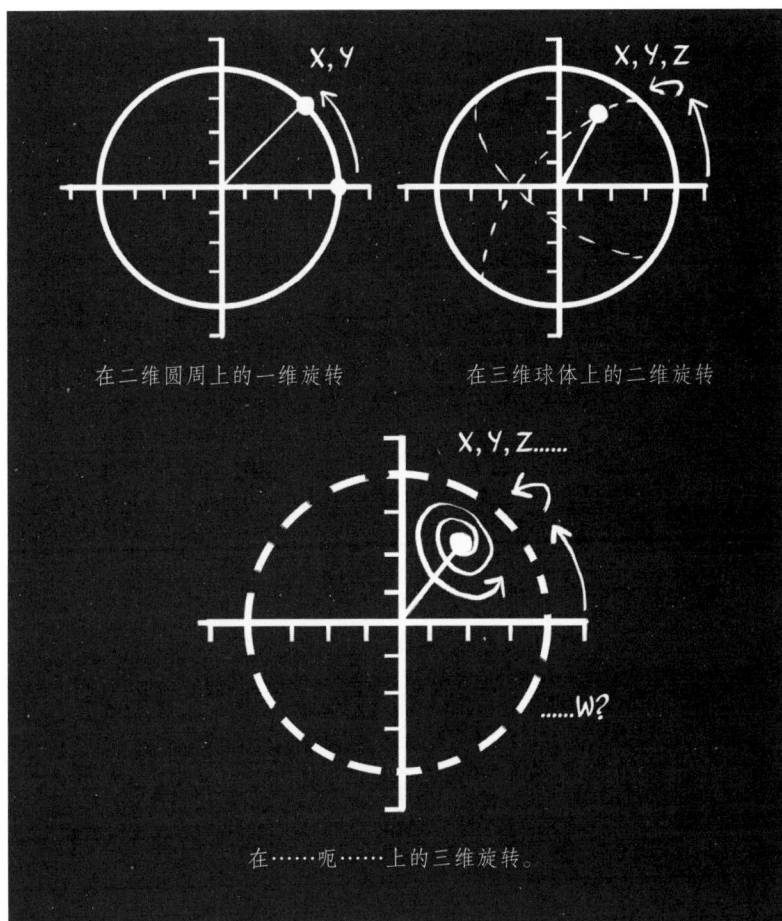

在二维圆周上的一维旋转　　　　　　　在三维球体上的二维旋转

在……呃……上的三维旋转。

　　汉密尔顿在 1843 年 * 发现了这一点。他想出来时非常激动，因此将自己的方程式刻在了当时过的桥上，那就是都柏林的布鲁厄姆桥（即如今的布鲁姆桥）——至今那里还有一块纪念匾。

　　汉密尔顿在他的方程中把第四维与时间联系起来（尽管从数学上讲，并不需要有这种意义），显示出即使在数学论文中他也要在诗歌方面有所突破的倾向：

---

* 1819 年，高斯独立发现了四元法，却出于某些原因而没有发表，或许是因为他不想把 19 世纪早期的每一个数学发现都命名为"高斯发现"吧。

据说时间只有一个维度，而空间有三维……数学四元数同时包含这两个元素。用专业术语说，可以是"时间加空间"或者"空间加时间"：从这个意义上来说，它有，或者至少涉及四个维度。并且，可能会是

时间的一个维度和空间的三个维度

在被包绕的符号链条上。

顺便提一下，四元数是巴贝奇格言中的一个非常可爱的例子：

在数学科学中，比在其他所有学科中更常见的，是在某一时期最抽象、看起来距离所有实用应用最远的真相，在下一个时代会成为构架物理学研究的基础，而且在接下来的时代里，或许通过适当的简化和缩减成表格，可以使其为艺术家和水手提供现成的日常帮助。

当汉密尔顿把它们解析出来时，这主要还是一个形而上学的难题，几十年后，詹姆斯·麦克斯韦将其用于描述电场。如今，汉密尔顿会惊讶地看到他的虚数经过了适当的简化，并被缩减为计算机程序——它们是三维动画软件的重要组成部分——后，被用于旋转的虚构怪物上。

四元数将如今已经很常见但仍然令人极度兴奋的高维概念引入几何。在《爱丽丝的数学冒险：解析仙境》(《新科学家》, 2009) 中，梅兰妮·贝利提出疯狂茶话会就是四元数版的道奇森笑话——三个坐标 (疯帽匠、三月兔和榛睡鼠) 一圈又一圈地在茶几旁旋转，他们无法离开，因为和"时间"吵架了。

5. 所谓"符号代数"的争论围绕方程中的变量是否需要包含数字，或者数学是否实际上可以被视为如洛夫莱斯所说的"关系的科学"—— 一种更普遍地表达关系的方式。洛夫莱斯的老师，奥古斯塔斯·德摩根处于这场运动的最前沿，他写道："乍看起来，它有点像被施了魔法的符号，为了寻找意义而满世界奔波。"

这种符号代数被认为可能是《爱丽丝》一书中讽刺的来源。海伦娜·佩西奥在《在数学与幽默的交会处：刘易斯·卡罗尔的爱丽丝与符号代数》中写道："爱丽丝——至少在一定程度上——表达了道奇森的焦虑，因为数学家们接受符号方法这一事实隐含着确定性丧失。"确实，《爱丽丝》中的很多笑话都是围绕着将数学规则应用于语言的荒谬性而展开的：

"她不会做减法，"白王后说，"那么你会做除法吗？用一把刀分割一条面包——答案是什么？"

"我想是——"爱丽丝刚想开口，红王后就替她回答了。"黄油面包片，当然。试试另一道减法题。从狗那里拿走一根骨头，还剩什么？"

爱丽丝想。"骨头不会留下，当然，如果我拿走了的话——但狗也不会留下。它会跑来咬我——那我肯定也不会留下！"

"所以你觉得什么都不剩了？"红王后说道。

"我认为这就是答案。"

"一如既往，你错了，"红王后说，"狗的脾气会留下。"

"可是我看不出怎么——"

"嘿，你瞧！"红王后尖叫，"狗会发脾气，是不是？"

"它也许会。"爱丽丝小心地回答。

"那么，如果那只狗走了，它的脾气就会留下来！"红王后洋洋得意地嚷嚷。

爱丽丝尽可能严肃地说："狗和它的脾气也许会各走各的路。"不过她心里无法不想："我们对话真是毫无道理！"

比较一下摘自布尔 1854 年的那本《思想规律的研究》中的这段话，布尔在其中证明了金钱买

不到幸福（或其他东西。我徒劳地研究他来试图证明"时间就是金钱"）：

这是由几十页错综复杂的校样得出的结果，如果你想尝试一下，那么其中的关键是：

w= 财富
t= 可转让的东西
s= 供给有限
p= 产生快乐
r= 防止痛苦

供求经济学与功利主义哲学文字演算的结合几乎就是痛苦的维多利亚时代。

因此，

$$z = \frac{w(1-s)}{2wsr - ws - sr}$$

$$= \frac{0}{0} wsr + 0 \, ws(1-r) + \frac{1}{0} w(1-s)r + \frac{1}{0} w(1-s)(1-r),$$

$$+ 0(1-w)sr + \frac{0}{0}(1-w)s(1-r) + \frac{0}{0}(1-w)(1-s)r$$

$$+ \frac{0}{0}(1-w)(1-s)(1-r).$$

或，

$$z = \frac{0}{0} wsr + \frac{0}{0}(1-w)s(1-r) + \frac{0}{0}(1-w)(1-s),$$

和

$$w(1-s) = 0.$$

因此，可转让且不产生快乐的东西，要么是财富（供给有限以及防止痛苦）；或者不是财富，但供给有限，并防止痛苦；又或者虽然不是财富，但能无限供应。

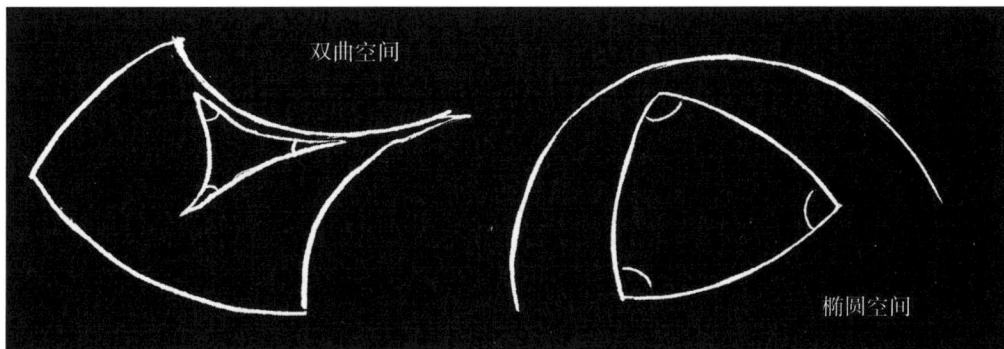

威廉·汉密尔顿爵士——令人迷惑，但不是那个威廉·汉密尔顿爵士，而是另一个不同的人——坚持认为代数必须保持严格的数值性。具有讽刺意味的是，他选择了下面的例子来对比几何学的某些真理与新代数的空洞语言游戏：

因为它不像符合几何原理那样符合代数原理。没有一个坦率而聪明的人会怀疑平行线的主要性质，两千年前，欧几里得在他的《元素》中提到了这一点。尽管他可能希望看到它们以更清晰、更好的方式被探讨。

恰好在他写下这些的时候，平行线的特性正经受明显的动摇——

6. 双曲或非欧几里得几何是一个规则的体系，允许内角和小于 180 度的三角形——实际上，就是绘制在内曲空间上的几何图形（内角和大于 180 度的三角形，在空间上曲线是相反的，存在于椭圆几何中）。要做到这一点，你必须摆脱平行线，也就是说，摆脱自公元前 300 年以来一直统治着几何学的欧几里得。欧几里得宣称，所有几何学都可以由五条规则构建，其中第五条始终显得格格不入：平行公理。这似乎也令欧几里得本人感到困扰，因为他的表述方式极其令人痛苦："如果一条线段与两条直线相交，在同一侧形成两个内角，其总和小于两个直角的总和。那么，如果这两条直线无限延伸，就会在两个角的总和小于两个直角总和的那一侧相交。"几个世纪以来，许多数学家试图找出一种更有条理的表达方式。

年轻的匈牙利人雅诺什·鲍耶的父亲教导他，在欧几里得第五个假设的问题上"不要浪费任何时间"。然而这只证明了给青少年的任何指示都会招致他们立刻朝完全相反方向的追求。雅诺什

双曲空间

椭圆空间

花费数年时间，最终找到了最简洁的解决方案，那就是彻底废除第五个假设，提出双曲几何，或者说非欧几何[*]。

道奇森将大量时间投入第五假设，不过是试图寻找新的证据。他不能接受背离欧几里得，并且似乎礼貌地无视了非欧几何。尽管他为欧几里得的辩护——《欧几里得和他的现代竞争对手》——完全没有涉及非欧几何，而只是谈到了教授常规欧氏几何的不同方法。作为一名数学家，他优雅地停留在欧几里得僵硬的平行线间，留爱丽丝独自应付空间的伸展和收缩。

爱丽丝最伸展－收缩的部分是她与毛毛虫之间的相遇：

> 过了一两分钟，毛毛虫从嘴里取下水烟筒，打了两下呵欠，抖抖身子。接着，它从蘑菇上爬下来，蠕动着爬进草丛，走时只留了一句："一边能让你长高，另一边能让你变矮。"
>
> "什么一边？什么另一边？"爱丽丝自己在心里琢磨。
>
> "蘑菇的两边。"毛毛虫说，仿佛爱丽丝问出了声。下一秒，它就消失了。
>
> 爱丽丝接着打量了蘑菇一会儿，想了想，试图搞清楚哪里是两边。但它实在是很圆，她发现这是很棘手的问题。

你可能会争辩蘑菇的"两侧"实际上并非左侧和右侧，而是上侧和下侧。蘑菇的"下侧"是一个向内弯曲的双曲空间，"上侧"则是一个向外弯曲的椭圆空间。

7. 我非常高兴地向大家报告，刘易斯·卡罗尔，同他的老自我查尔斯·道奇森（或者反之亦然），的确在 1867 年拜访了查尔斯·巴贝奇。那时，巴贝奇已经 76 岁，道奇森则是一位 35 岁的牛津大学数学讲师，还写了一本很受欢迎但稀奇古怪的小书《爱丽丝漫游仙境》。《爱丽丝》于 1865 年出版，但是，我的全部资料都无法告诉我巴贝奇是否读过这本书。道奇森极其简短的日记中写道：

> 后来，我拜访了巴贝奇，询问是否能拥有一台他的计算机器。我发现并不能。他以最友好的方式接待了我，我和他一起度过了非常愉快的 45 分钟，随后他向我展示了他的工作坊等。

道奇森也许在和自己开玩笑，要么就是他确实溜达到了一个错误的宇宙，因为关于巴贝奇先生的计算机器，众所周知的情况就是，它们根本不存在。真遗憾他们没有更多的交情！

更遗憾的是，他从来没有见过洛夫莱斯——她去世的时候，他大约 20 岁。至少在我看来，他们不是一般地志趣相投。洛夫莱斯和道奇森都爱欧几里得（年轻的洛夫莱斯对欧几里得的评价非常爱丽丝式："这是一个非常漂亮的小定理——如此优雅和工整！各部分都衔接得如此漂亮！"）和符号逻辑的新兴领域；而且他们的"声音"至少听起来非常相似——例如这是洛夫莱斯的观点，写给她的前导师奥古斯塔斯·德摩根：

> 我经常想起人们读到的某些精灵和仙女，他们此刻以一种形态出现在手肘边，下一刻又呈现出最不一样的形态。有时，数学的精灵和仙女有着不同寻常的欺骗性、麻烦性和诱惑性；就像我在小说里看到的那些类型……

而道奇森则试图寻找证据——

---

[*] 一位名叫罗巴切夫斯基的俄国人在大约同一时间发表，因此，它也被称为"鲍耶-罗巴切夫斯基几何"。高斯（当然了）也发现了这一点，甚至时间更早，但是他对此保密，很显然是不希望真心喜欢欧几里得的人们感觉不好。但是，实际上，一切都由 1733 年耶稣会牧师乔瓦尼·萨切里戳穿欧几里得的时候预言了，不过，他本人在意识到自己做了这些后可能感到非常恼火。在一本名为《欧几里得免除了一切瑕疵》的寂寂无名的书中，他提供了一种观点，即以小于或大于 180 度的扭曲三角形为例，反驳平行定律有多么荒谬。

就像妖精迫克一样，它引导我"翻来覆去，辗转反侧"，度过了许多清醒无眠的夜晚。但总是，当我以为自己已经搞明白，一些始料未及的谬误肯定会把我绊倒，随即狡猾的妖精就会"跳出来，大笑，哈哈哈"！

19 世纪的数学开始包括四维球体、相交的平行线，以及刻意使用的无意义的空符号代数，变得越发抽象，且越来越偏离对现实的任何描述……到了 20 世纪，拥有了弯曲的时空、多重不可见的维度以及逻辑操作的计算机，现实依旧无法离开它的老朋友——数学，又转回身去迎接它。

附录 I
一些有趣的原始文件

在过去的几代人里，学者们需要有无尽的耐心、长达数十年的研究，以及对其所处时代的深刻了解，才能捕捉到一个难以捉摸的事实。而在我们这个美妙的数字化新时代，任何漫画家只要在一个神奇的搜索框内输入"巴贝奇"或"洛夫莱斯"和"1825—1870"，然后——瞧瞧！——就能从16世纪数字文本的海洋里，抓一张闪闪发光的小文件网。据我所知，其中有些已经一百多年没有被任何人读过了。我把这些超能力归功于谷歌图书和Archive.org完成的史诗般的任务：将收集自世界各地的印刷品数字化——从最崇高的杰作，到最微不足道的小说——再把它们放到网络上供所有人阅读，让我们只需要点击鼠标就可以搜索。

倘若没有这些数字化的成就，谁能想到看一份已经停刊的美国内战时期的马里兰文学公报，就能找到对巴贝奇和洛夫莱斯之间的友谊最生动的描述呢？一个有血有肉的凡人要眯起眼睛，盯着一份《布莱克伍德的爱丁堡杂志》的小复印件看多久，才能偶然发现世界上第一个真正的计算机笑话？薄薄一本由妇女印刷协会出版的名为《阳光回忆》的回忆录，又怎么可能不带着那篇关于巴贝奇的迷人小品文一起被时光湮没呢？

这是我最喜欢的那一时期的信件和文章中的一小部分，让我们匆匆回望我们的主角们。

《笨拙》里的查尔斯·巴贝奇，1851

我 97% 确定这是一篇在 1851 年的《笨拙》中，关于巴贝奇的未命名漫画，他为自己的差分机没有在世博会上展出而大为光火。如果你眯起眼睛仔细看，就可以看到背景中有一套巨大的罗盘，大概是用来画巨大的齿轮的。

被阿尔伯特亲王荣幸提及的绅士的精美肖像。

"真的，荣幸提及了！只有这些吗？丢脸！"

微积分的爆裂

《布莱克伍德的爱丁堡杂志》，1862 年 10 月

一台巨大且完备的差分机，勇敢无畏的巴贝奇，街头音乐的噱头和脚注——一位匿名喜剧演员的插科打诨。你卑微的作者不由自主地将其视为志同道合之人。

《布莱克伍德的爱丁堡杂志》发表了一种讽刺、小说和散文的混合体，通常以一种不虔诚且漫无边际的方式。这是关于 1862 年展览的一些幽默思考的摘录，该展览是 1851 年世博会的后续。展览展出了差分机的工作组件，尽管巴贝奇对它不起眼的位置表示了抗议——"黑暗角落中的一个小坑"。

第一次介绍巴贝奇先生后，我们引入了这篇（篇幅极长的）文章，后面是参加展览的广大观众的有趣回忆。我不确定巴贝奇是否真的评估过裙撑（一种在当时非常流行的巨大裙装）的英亩数。巴贝奇估算的各种数据是那个时代的经典笑料。话说回来，那看起来确实属于他会做的一类事情。那一时期的巴贝奇笑话一定会提到打断音乐家。在 19 世纪 60 年代，他因反对街头音乐的激烈运动而声名狼藉。

……以及几英亩的裙撑，巴贝奇先生已经计算过，直到上个月 32 号，其大小不少于 60 公里 103 米 *！

微积分的爆裂

人们观察到，巴贝奇先生的机器在进入这些极度罕见的领域后运转吃力，这使他和他警觉且熟练的助手们感到非常焦虑。一位助手极力劝说他不要进行最后的计算，因为这是一个极其微妙、危险且困难的步骤。不过，对此他表示，他的词典中并不存在"困难"一词，并且坚持要继续探究。

首先，他把目光谨慎地投向了眼前那台微积分分析机。发现一切正常后，他拧上螺丝。一切都进展得很顺利，直到一记巨大的爆炸声，就在指示灯开始以数以百万计的庞大数字记录最后一个头部区域时，一切都停止了。

从震惊中回过神来的巴贝奇先生仔细观察机器，发现积分和微分运算部分全都爆裂了！再也无法承受施加于其上的巨大压力，也因此而无法继续下一步。他一直无法重新开始工作，直到成功地从巴黎学院借到两台新微积分计算器。伦敦英国皇家学会通过他们勇敢的主席，萨宾将军，拒绝批准手下的人被调遣参与任何此类危险且可疑的服务。何况他需要这些服务只是为了弄清地磁和动物磁力之

---

* 据了解，巴贝奇先生无法保证最后一串数字的准确性，因为他的计算机器在计算关键部分时受到了一位意大利风琴手的干扰，不久之后，一位治安官以动人的口吻向后者致以敬意。

间的关系，以及物体通过足够粗糙的介质在交叉电流中传输所需的力的大小和方向，从而研究太阳黑子的周期性变化。

　　巴贝奇先生用一个耗尽的接收器给新计算器（据说是拉普拉斯曾使用过的）称了重量，确定它们的完美匹配性，然后小心地将其插入机器中。它们开始运行后，很快便显示出相比爆裂的那台的优越性：因为它们发现了此前计算中一个稍具严重性且非常令人羞愧的错误——即在估计参观人数的时候，没有考虑到季票持有者，以及其他两次或多次参观展览的人！毫无疑问，这是由于那些音乐的干扰力量，这种力量由前文不时提到的精明的警方人员估算得来。*

---

* 客观地说，巴贝奇先生的计算机器是国际展览会中收藏的珍品之一。人类智慧几乎没有比这更伟大的成就。

"我正在为之努力"

约翰·弗莱彻，莫尔顿勋爵（1844—1921）是一位辩护律师、数学家和国会议员，他在政府和科学的各个交叉领域都发挥了作用，从水利董事会到军需品等，不一而足。

在 1914 年纪念奈皮尔的对数表诞生 300 周年的会议上，莫尔顿勋爵发表讲话，讲述了这个警世故事。

自始至终，（奈皮尔）都提出要建立一个正弦对数表，在最终目标实现前，他都不允许自己偏离。他的观点显然随着他的进展被不断拓宽，他一定极想把自己相对有限的任务扩充到更大的体量。但他很明智地克制住了这种冲动。他意识到自己必须创造出真正的数表，并将其贡献给世界，否则他的任务就不算完成。如果其他发明者也能这样明智该多好！我人生中的悲伤回忆之一，就是去拜访著名数学家兼发明家巴贝奇先生。他虽然已经年老体衰，但头脑一如从前般活跃。他带我去了他的工作室。在第一个房间里，我看到了原始计算机器的一些部件，很多年前，它们曾以不完整的形式展出过，甚至一度被投入使用。我向他询问了机器当前的形态。

"它还没完成，因为在制作过程中我想到了我的分析机，计算机器可以做的它都可以做，甚至能完成更多。实际上，这个想法要简单得多，完成计算机器需要进行的工作，要远多于重新设计并建造另一台机器。因此，我将注意力转移到分析机上。"

交谈几分钟后，我们进入了第二间工作室，在那里，他向我展示并解释了分析机部件的工作原理。我问他是否可以亲眼看看。"我从来没有完成它，"他说道，"因为我又冒出了一个想法，可以通过另一种不同但更有效的方式完成同样的事，这使继续旧计划毫无意义。"随后我们便进入第三个房间。那里散落着一些机械装置，但是我没有看到任何工作中的机器的迹象。我小心翼翼地触及这个话题，得到了这个可怕的回答："还没有开始建造，但是我正在为之努力，而且建造它需要的全部时间，都比从我目前的阶段完成分析机要耗费的时间更少。"我怀着沉重的心情向这位老人告别。

奥古斯塔斯·德摩根谈洛夫莱斯夫人的数学

　　奥古斯塔斯·德摩根——洛夫莱斯的导师，符号逻辑的创造者之一——在写给洛夫莱斯的母亲的一封非凡的信中，谈论了教女性学习数学的危险性这一问题。这封信写于洛夫莱斯发表关于分析机的论文后不久。

　　亲爱的拜伦夫人：

　　　　我收到了你的便笺，我能回复的只有，我很高兴地发现，我的担心（我会成为造成伤害的一方，如果我没有任何警告就帮助洛夫莱斯夫人学习）在你和洛夫莱斯勋爵看来毫无依据，在这件事的方方面面，他都一定是比我更好的法官，但是除了一样——或许就是那一点。而且，这一点或许非常有必要极为恰当地公布出来。

　　　　我从来没有向洛夫莱斯夫人表达过对她作为一个研究这些问题的学生的看法。我总是很担心，这可能会促成对身体并不强健之人的伤害。因此，我满足于"非常好""十分正确"等说法。但是，我认为有必要告诉你，从和我通信伊始，洛夫莱斯夫人就表现出的思考这些问题的能力，对任何初学者而言，无论是男人还是女人，都完全不同寻常，所以她的朋友必须适当地考虑这些能力，判断他们是应该敦促还是扼制她显然不仅试图实现，更有要超越现有知识范畴的决心。

　　　　如果你和洛夫莱斯勋爵认为这只是种对某类知识的热爱，尽管不同寻常，但类似于年轻女士对普通爱好的强烈热爱——那么你并不了解事情的全部。同样，或许你还认为她的动机就是变得与众不同，而科学则可能是她选择去实现这一点的诸多路径之一。在洛夫莱斯夫人的性格中，很容易看出她想要与众不同的渴望；但是，数学上的转变一定是让她不再受此影响的一大契机。

　　　　如果一位即将进入剑桥的年轻初学者表现出同样的能力，我会首先预言，他把握第一原理的重点和真正难点的能力，会大大降低*其成为剑桥本科纯数状元的机会；其次，他们肯定会使其成为一个有独创性的数学研究者，甚至是第一流的卓越人物。关于巴贝奇机器的那篇短文已经足够漂亮，但是我想，我可以从洛夫莱斯夫人有关新主题的第一篇探讨中进行一系列摘录，让数学家们意识到，我们对她的期待无须设限。

　　　　迄今为止，所有发表过数学著作的女性都表现出拥有知识和获取知识的能

---

*我猜此处的"降低"是对剑桥大学保守的数学的一种嘲讽。

力，但是没有人——或许除了（我很怀疑）玛丽亚·阿格涅丝[*]之外——曾与困难搏斗，并且在克服困难时表现出一个男人的力量。个中原因显而易见：这需要的巨大精神力量，超出了女性现实体力的范围。毫无疑问，洛夫莱斯夫人拥有的力量足以使一个男人的身体承受思想的疲劳，这无疑将会继续指引她。目前看来，当课题还没有完全占据她的注意力时，这种情况非常好；但是，一如既往地，当她逐渐将全部精力集中于其上时，身心之间的斗争就开始了。或许你会认为，洛夫莱斯夫人将像萨默维尔夫人一样，继续有规律地学习，适当地将社交享乐和对生活的简单关心之类融合起来。然而萨默维尔夫人的思想，从未将她引向除数学工作细节之外的其他方面；洛夫莱斯夫人将走上一条完全不同的道路。想到萨默维尔夫人并不了解力量的本质，并默许自己一无所知，说着"这是 dt/dv（一个数学公式）""这是我们关于这个问题所知道的全部"，我就会泛起微笑——但是想象一下，如果洛夫莱斯夫人读到这个，更不用说写下它们了。

现在，我想我已经解释得很清楚了，你必须把洛夫莱斯夫人的情况当作一个特例来看待，我会提供相应的实情，并把它留给你做出更好的判断，只是恳请你能够对此保密。

我这里一切都很好。希望你的房子里没有疾病，生活一如既往。

你诚挚的，
A. 德摩根

---

[*] 阿格涅丝（1718—1799），意大利博学家，写作了第一本讨论积分和微分的书。巴贝奇在他的自传中写道，他最早是从阿格涅丝的书中学到微积分的。

"一种特殊的能力"

他对巴贝奇的描写是所有时期中最生动，对洛夫莱斯的看法也是最坦率的，后者在这次相遇的 3 年前去世。作者是宾夕法尼亚大学文学系的教授亨利·霍普·里德。这封信发表在 1867 年的《南方评论》中，这是一本短命（1867—1879）的出版物，旨在在内战的余波中"表现南方文化"。"作为纯粹的知识分子和完全有造诣的美国文学家，我曾在旧世界拥有高度乐趣，相信我们的读者会感谢我们将这一切呈现给他们。"我在谷歌图书上偶然发现了这封绝妙的信。

> 我真的很抱歉不能给你*写信，让你对巴贝奇先生和他的几次谈话有一个全新的印象，因为我最想告诉你的就是他的事。在我把你的信和我的名片寄给他几个小时后，他就来到了我们的住处。你还记得他的外表和举止吗？——或者说，他以前也是充满了紧张不安吗？我开始担心把他请进来后，可能留不住他。但是，他为他的打扰（因为当时我们在吃午饭）道歉后便平静了下来，让我觉得我们在沙发上没坐多久就开始很好地了解对方。我从来没有遇到过一个这样杰出的人，他的举止因为极具个性，令我深感震惊——他那明亮的眼睛、紧张的表情，他智慧的力量随着谈话的鲜活和恳切而不断变得越发明显。想要看出他生命中战斗的痕迹并不困难。他很快就开始了非常有趣的谈话，讲述了他的维苏威火山之行**，以及在火山口内对某些线（如果我没有在试图描述这个过程的时候搞错的话）的测量——在他安排好时间后，火山精灵们就可以通过他的工作在它们之间跑进跑出了。他起身准备离开时，碰巧提到了已故的洛夫莱斯夫人（拜伦勋爵的女儿"埃达"***）。他非常了解她，对她的数学能力给予很高的评价，她的特殊能力更是比他认识的任何人都强，然后准备开始（我相信是的）进行与他的计算机器相关的描述****（恐怕此处我没有正确表达他提到的主题的确切性质）。他把她描述得绝对无法想象。正是对她悲惨的一生——他称之为一个悲剧——的回忆让他难过了一阵，因为当他再次提起往事时，语气变得低沉，态度如此阴郁，以至于我站在那里聆听他讲话时，几乎不敢相信他就是一个小时前进入房间时那位举止神经质的绅士。他的话语和态度中都充满了感情，因此我觉得不能随便向他询问，他所

---

* 这封信的收件人是美国海岸调查局局长亚历山大·巴赫。他写了一篇论文，建议在美国采用巴贝奇的灯塔识别系统。这篇论文大概再详尽、再令人赞许、图表再完整不过了。巴贝奇一定为此非常高兴。

** 巴贝奇的维苏威火山之行是他最喜欢的派对趣闻之一。它出现在他的自传的第 214 页中。

*** "埃达"此处标注引号，因为这是在复述拜伦勋爵的作品《哈罗德公子的朝圣者》中的诗句——"埃达，我的家园和心灵的唯一女儿。"

**** 这是关于洛夫莱斯有关分析机方面的特定能力，巴贝奇发表过的最坚定的声明。"描述"（deseriptions）的复数形式，以及里德对主题的混淆，使我怀疑巴贝奇所指的是具体的程序，而非此处的"草图"——关于机器如何解决问题的"描述"。

说的生活不幸的确切性质及其悲惨结局。——他使用了一些诸如此类的说法，让我们猜想埃达是否以自杀作为终点——但我相信这不是事实。我猜"埃达"身上有许多拜伦魔鬼的影子，她和洛夫莱斯勋爵的结合并不相配，所以她很不喜欢他。同时，她对自己的母亲也无甚好感；这似乎是妻子、丈夫和母亲之间的三重反感*。谈及洛夫莱斯夫人实事求是的思想，巴贝奇先生告诉我，他过去常常给她讲各种不寻常的故事，为她带来许多善意的快乐……**

［接下来是对其他一些科学家的访问。在信的结尾处：］

回到伦敦后，我又和巴贝奇先生进行了一次有趣的面谈，我从爱丁堡寄给他的短笺给他留下了一些印象。临别时，他开心地笑了，因为当时我说："那么，我想写一本小册子，题为'巴贝奇先生应该访问美国的原因'。"这封长信除了使你感到疲惫不堪外，还缩短了我给我亲爱的妻子（如果没有她心脏强健的爱，这趟旅途永远不会成行）写信的时间。在你读完之后，可以把信寄给她吗？

你诚挚的，
亨利·里德***

---

*　洛夫莱斯家族关系复杂而阴暗的故事并不在本书的范围之内，但是我有点惊讶地看到，巴贝奇显然是在朝一位彻头彻尾的陌生人投掷各种污物！

**　巴贝奇用冗长无趣的笑话戏弄洛夫莱斯的画面实在美得让我有点窒息。

***　亨利·里德再也没回过美国。在写完那封信的一个月后，他死于"北极号"的可怕沉没。

普莱费尔勋爵的回忆录

来自普莱费尔勋爵，国会议员兼化学学会主席，这两则逸事展示出巴贝奇性格最极端的两面——他巨大的魅力、极高的声誉、庞大的自我，以及搬起石头砸自己脚的惊人能力。

　　另一位我经常访问的哲学家是巴贝奇，他是计算机器的发明者。他与政府处于长期交战状态，因为后者拒绝为他的新机器提供资助，原因在于他从未完成第一台机器的建造。巴贝奇是一个坐拥各种信息的人，他给出信息的方式十分吸引人。一次，我 9 点钟和他共进早餐，他向我解释了计算机器的工作原理，以及他后来通过彩灯实现的信号发送方法。我本来约了别人 1 点钟吃午饭，于是看了看表，上面显示已经下午 4 点了。这显然是不可能的，所以我去大厅查看准确的时间，然后令我惊讶的是，它同样显示的是下午 4 点。事实上，这位哲学家的描述和谈话是如此引人入胜，以至于无论是他还是我都没有注意到时间的流逝。

　　巴贝奇总认为自己的待遇很糟糕，这种感觉最终产生了一种自我中心主义，限制了他的朋友数量。下面这则逸事就是一个有趣的例子：到达奥斯本后，我陪亲王 * 去了伦敦。旅途中，我强烈要求王室授予科学界人士荣耀。我指出，陆军、海军和公务员都获得了大量的头衔和勋章，但是有学问的人却很少被授予桂冠。如此这般带来的结果就是他们把桂冠看成荣誉的源泉，因此自己创造头衔，所以像 F.R.S.** 这样的字母比 K.C.B.*** 之类的字母更受尊敬。桂冠与学术的分离不符合君主制的利益。亲王欣然接受了这一点，并且询问我有什么建议。我提议，如果有一两个地位毋庸置疑的人被任命为枢密院委员，会给人们留下良好的印象，还提到法拉第和巴贝奇是有资格获得这一荣誉的两位。这次谈话后不久，我被授命去询问两位哲学家的意见，确定他们是否愿意被任命为枢密院委员。不幸的是，我首先去找的是巴贝奇，他很高兴接受我的建议，但是作为条件，他提出应该只有他一个人得到任命，作为他的各项发明受到政府种种忽略的应得补偿。哪怕只是和法拉第这般杰出的人物一起出任，也会显得他缺少应得的赏识。亲王自然不会接受这样的条件，也再没有采取向科学界人士开放枢密院的进一步措施。

---

* 阿尔伯特亲王，也就是维多利亚女王的丈夫。

** 皇家学会会员，伦敦英国皇家学会，旨在发展自然知识，是从英国最杰出的科学家中精选出来的一个小组，或者是一个绅士们装腔作势的亲信俱乐部——如果你问的是查尔斯·巴贝奇的话。

*** 巴斯勋章。

克罗斯夫人的回忆

克罗斯夫人是亚历山大·克罗斯的第二任妻子，后者是一位声称在电学实验中创造了生命的疯狂科学家，也是我们两位主角的朋友。第一段节选摘自一篇杂志上的文章，第二篇来自她的回忆录《我生命中最美好的日子》。

他的计算机器是一个永远的独白话题。仅仅几年前，我从一位老人那里了解到一个有趣的情况，这位老人在年轻时代曾经和巴贝奇是达特茅斯学院的同班同学："在算术方面，巴贝奇是全校最笨的男生。"我问他是否记得任何这位伟大的计算者少年时代的非凡事迹。"没有，什么都没有——我们过去叫他'巴里卷心菜'，而他很不喜欢。"巴贝奇很喜欢谈到拜伦的女儿：对他而言，她永远是"埃达"，因为她从小就被他抱在怀里*，并且当她成为洛夫莱斯夫人后，他既是她的朋友，也是她的导师。凯尼恩**曾经在费恩宫见过她，她是那里的常客，对克罗斯先生的电学实验非常感兴趣。凯尼恩承认洛夫莱斯夫人是一位才华横溢的女士，但按照他的眼光，她太具数学性了。"我们的家族是诗歌和数学的交替分层。"洛夫莱斯夫人曾经说。

巴贝奇认为，自己如果双目失明，那么应该会去写诗。"而且我的主题应该是对知识地狱的描述。"他说。无论采取什么形式，想要将诗歌与巴贝奇建立联系都很困难——他实在太过于实际。

摘自《我生命中最美好的日子》：

当时的科学聚会——无论是皇家科学研究所的演讲、英国科学促进会的会议，还是在以任何方式假装时髦的科学主义者的私人社交圈子，我总能在其中看到同一张面孔：那是一张从来不会增添皱纹变老的脸，而且我可以想象，这张脸也从来没有看起来年轻过。这张无处不在且略带讽刺意味的脸属于巴贝奇。没有人比他更愿意单刀直入地交谈了——也就是前面说的问候和琐碎谈话。你的观察可能毫无意义——他的应答机敏而尖锐，随时准备"咔嗒"作响。

自埃达·拜伦还是个孩子起，巴贝奇就认识她。他非常喜欢她，对她从事的哲学研究也特别感兴趣。成为洛夫莱斯勋爵的妻子后，她翻译并发表了梅纳布雷亚将军关于分析机基本原理的回忆录，并加上了自己的笔记。"这项工作，"巴贝奇说，"完整证明分析操作能够由机械执行。"我记得他告诉过我，他希望自己留

---

* 克罗斯夫人是埃达从童年时代便认识巴贝奇的唯一证人。

** 约翰·凯尼恩（1784—1856）是一位富有的绅士诗人。很显然，他也举办盛大的晚宴，还把罗伯特·勃朗宁介绍给了伊丽莎白·巴雷特，并促成了他们的私奔。

下的笔记和图表足以帮助未来的哲学家实现他关于分析机的想法。

我必须承认，巴贝奇是个不尚修饰的人……但是，他穿得很好。在我认识他的这四分之一个世纪里，他几乎没有任何改变。19世纪60年代初的一个晚上，我和金莱克小姐一起去和巴贝奇先生喝茶。他答应给我们展示一些有关洛夫莱斯夫人的数学研究的有趣文件*，而且经他安排，没有任何其他客人。

…………

他告诉我们，他不仅因为投身自己的计算机器而使个人财产蒙受损失，而且为了这个头脑中的神像，放弃了家庭生活中的所有愉悦和享乐。他结婚很早，但是妻子在他很年轻的时候就去世了。他身上带有一种感觉，让我从未将他与披着愤世嫉俗外衣的哲学家联系起来。他感伤地哀叹自己命运的孤寂凄凉："当然了，"他说，"我喜欢家庭生活，要不是为了我的机器，我早就应该再婚了。"

……在我看来，计算机器似乎成了他人生的祸根。我这话是站在非数学家的立场所说，因此不值得一提。但是，凭借巴贝奇的伟大实力和实践能力，他的国家应该很乐意把他的名字和重大失败之外的什么东西联系在一起。他当晚谈话中的种种疑问使我意识到，对自己工作的失望是何等深重地侵蚀了他的精神内核。他的抱怨主要针对政府及其顾问没有为完成这台机器提供资金。他的怨恨一直存在。甚至谈及他的朋友兼科学上的学生洛夫莱斯夫人，都是由于提起和惠特斯通以及洛夫莱斯夫人的其他朋友之间的一场愤怒的争论**，他们反对他把她的出版物当作表达自己悲伤的媒介。他告诉了我们整个故事，但我仍然坚信，巴贝奇先生是理亏的一方。

---

* 令人恼火的是，克罗斯太太从来没有抽出时间描述这些文件。它们是完成笔记时期的信件吗？还是巴贝奇和洛夫莱斯似乎一直在研究的那本神秘的书？

** 这次争吵出现在《委托人》的脚注中，围绕着巴贝奇试图在洛夫莱斯关于分析机引擎发表的文章中附加对政府长篇累牍的抱怨。我很高兴地看到，即使巴贝奇在讲述自己版本的故事时，他听起来依然像个彻头彻尾的混蛋。

两封来自 1843 年 9 月 9 日的信件

在洛夫莱斯完成《草图》的翻译并写完补充说明之后，将其发表的前夕，巴贝奇写了这两封信（它们出现在 10 月的《泰勒的科学回忆录》上）。他对洛夫莱斯拒绝附加他的反政府言论的愤怒似乎已经平息。巴贝奇在这些杂乱无章的信件中写下的潦草粗体字迹，描绘了一幅这个人如何在星期六早晨（伦敦的一家报纸形容那周的天气"良好"）匆匆忙忙写完一些信件的生动图景。

亲爱的法拉第：

我不确定是否应该对你友好的便签表示感谢，其中你把收到一份礼物 * 的价值不合时宜地归功于我，而我想那是洛夫莱斯夫人送的。

我现在给你寄去的，是本该连同译文一起出版的内容。

因此，你现在必须再给那个魔女写一个便签，她向最抽象的科学施展了魔法，并且以一种鲜有男性知识分子（至少在我们国家）** 能够施加于其上的力量抓住了它。我很清楚地记得你第一次对那个年轻仙女的采访，她自己也没有忘记，我很感谢你们把我的起居室变成了厄镇城堡 ***。

我要去洛夫莱斯勋爵在萨默赛特郡的地方待一阵子。那是一处浪漫的地方，位于距波洛克邮镇 3 公里多，被称为阿什利的岩石海岸上。

我永远诚挚地属于你，

C.巴贝奇

---

* 洛夫莱斯给法拉第寄了一份她翻译的梅纳布雷亚的文章，但是上面没有补充说明，因此巴贝奇又随信寄去了一份。

** 巴贝奇对英国数学的总体评价很低。具有讽刺意味的是，法拉第是一位贫穷的知名数学家，他在巴贝奇此次回复的那封信的开头写道："尽管我不能理解你的伟大作品……"

*** 根据维基百科，这是路易·菲利普国王的避暑别墅。我猜是对普遍猜想的暗示。

亲爱的洛夫莱斯夫人：

我觉得等到有空时再行动是一种徒劳，所以我决定不再做其他任何事情，带着这些文件前往阿什利，它们足以使我忘记这个世界以及其中的全部烦恼，如果有可能的话，还会忘记那无数的骗子——简而言之，就是除了数字的魔女[*]之外的所有一切。

唯一阻碍我的就是母亲的健康，目前并没有我希望的那么好。

你在阿什利吗？如果你有其他安排，我方便加入和你一起吗？——以及下个星期三或者下个星期四，又或者其他哪天你有空：需要我离开桑顿或布里奇沃特的奥伯豪森路吗？或者你那里（比如在阿什利）有阿尔博加斯特的导数计算^{**}吗？我会带一些关于那个可怕问题的书——三体^{***}问题几乎就像《三个冒名顶替者的论述》^{****}这本著名的书一样晦涩难懂。因此，如果你有阿尔博加斯特的话，我可以带些别的。

再见了，我亲爱的且备受敬仰的翻译官。

你最诚挚的，
C. 巴贝奇

---

* 如果没有法拉第的信件予以澄清，反洛夫莱斯派会认为巴贝奇不可能把（他们认为）数学上一无所长的洛夫莱斯称为"数学的魔女"，他指的一定是数学的某些抽象拟人称呼。找到提供反例的法拉第的信件，是我在战斗奖学金中取得巨大胜利的开端。顺便提一句，这句话经常被抄写成"数字的魔女"，但是在我看来，它更像是"数学"，巴贝奇的笔迹极其潦草！

** 路易斯·弗朗索瓦·安托万·阿尔博加斯特（1759—1803），法国数学家。正如你们所料，这本书是一部关于微积分的扎实巨著。洛夫莱斯和巴贝奇经常交换书籍。

*** 三体问题涉及预测空间中三个物体相互之间轨道运动的数学问题，巴贝奇对此格外热衷。作为一个坚信简化和决定论的人，他不可能在得知三体问题无解后保持心情愉快：三个相互作用的物体的确切行为是不可能预测的，并且每一次都会产生不同的结果。我为这个脚注列的大纲提示我，此处应该详细论述一下"混沌理论之类之类"，但是，我认为我没法更进一步了，所以就提一句混沌理论之类之类吧。

**** 始终发挥作用的维基百科告诉我，《三个冒名顶替者的论述》是一本可能存在也可能不存在的异端邪说，而且它否认启示类宗教（其中"三个冒名顶替者"分别是摩西、耶稣和穆罕默德）；另外，它对"自然神论者和无神论者都有帮助，可以使他们的世界观合法化，成为智识参考的一般来源"。因为洛夫莱斯是一个无神论者，而巴贝奇似乎是一个自然神论者（也就是说，信仰神，但不信仰有组织的宗教），所以，维基百科的编辑总结得好！

美好的回忆

19 世纪 80 年代，妇女印刷协会出版了由"M.L."著的《美好的回忆——包括一些著名人物的个人回忆》。几十年后，哈佛大学的某个人——显然是在搜索艺术家约翰·特纳——在谷歌图书扫描副本的"M.L."旁，很有帮助地潦草写下了"玛丽·劳埃德"的名字，这是我知道这个人的唯一方法。这本书正如它听起来的那样甜美和充满维多利亚风。关于巴贝奇的那一章很长，但是充满了跑题和启发人心的语录，因此在这里只分段节选。文章回忆起一个年迈、居家的巴贝奇，对失败逆来顺受——与街头音乐家（提到了管风琴）交战的爱吵架的老人。很不幸，在维多利亚时代的想象中，这些都已经被固化为他的性格特征。它以一件小小的、美妙的逸事结束，给我 100 万年，我也编不出如此完美的巴贝奇。

在巴贝奇的性格中，最令我震惊的是他那体贴的善良、那非凡的敏锐，以及那近乎痛苦敏感的感情。巴贝奇先生的友谊是温柔的，憎恶是激烈的——如此激烈，以至于我过去常常对他说："幸亏你只是嘴上叫得响，行动一般！"

…………

尽管巴贝奇随时准备谈论各种话题（除了音乐和诗歌），他从来不会放过任何一个机会，聊起他那美妙机器——差分机，或者"利维坦"，按照他的说法。他向我保证，一旦完成，它将可以"分析一切，把一切都简化为其基本原理，而且包含未来的发明，所以简而言之，它几乎可以取代人类思想"。

…………

巴贝奇脸上的表情非常悲伤，但是随着谈话的继续，这种表情很快就消失了，他的脸上又恢复了平静。他沉迷于一种对自己和他人的精神分析，这是非常有趣的，也十分有创意。他的脸上流露出一种过度劳累和精神紧张的神情，因此，我们很高兴能劝说他忘记关于其机器和近来对部件的全部忧虑，在乡间度过平静的一天。在里奇蒙公园中享受散步或开车的乐趣，然后到谢恩小屋酒店拜访敬爱的欧文教授。

…………

很难理解巴贝奇先生关于宗教话题的观点，但是我毫不怀疑，他对至高无上的力量怀有最大的崇敬。他对"伪善言辞"的恐惧之深，令他陷入另一个极端，以至许多人相信他根本没有宗教信仰。他的思想过度专注于一套主题，他无法通过对诗歌和音乐的喜爱来放松，这最终加速了他良好记忆力的流失。有一天，他来看望我时忧虑地告诉我，他忘记了我以及我父亲的名字。他还忘记带名片，于是从背心口袋里掏出一个小黄铜齿轮，在上面画出自己的名字后当作名片留给了我！

一些琐碎而有趣的片段杂集

当你在搜索引擎中输入"巴贝奇"或"洛夫莱斯",扫描并查阅 19 世纪的大量印刷品时,就会发现各种各样的事情。我一直认为巴贝奇寂寂无名,所以当发现他真的、真的非常有名时我感到相当惊讶——至少在各种奇怪的地方,他的名字都会被说话者用来抬高自己!例如,巴贝奇这个名字令人愉快的节奏使他很受打油诗作者的欢迎——作为一个计算者,或者确定性宇宙的幽灵:

He fainted not, nor call'd for aid
From waiter, or from chambermaid :—
But softly to himself he said,
"I'm a 'gone' coon!—All's up with *me!*—
My doom is settled—Q. E. D."—
As though by Babbage prov'd, or Whewell,
A victim pre-ordained, he knew well
That adverse fate, with purpose cruel.

他没有昏厥,也没有呼救
向侍者或女服务员:——
但是他轻声对自己说,
"我是一个'无望的'笨蛋!——我的一切全完了!
我的厄运已经板上钉钉——证明完毕"——
就像巴贝奇,或胡威立,证明的那样,
他很清楚,这是一个预定的受害者,
那是不幸的命运,带着刻意的残忍。

When I've eaten up a whole r
Of the Swiss cheese of New York
I can calculate like Babbage,
I go back to the Mab age
When I've eaten pickled cabbage
And salt pork.

......

我可以像巴贝奇一样计算,
我又回到了内存分配块的时代。
当我吃泡菜和咸肉的时候,

分别摘自《利特尔的生活时代》,伦敦,1844 年;《生活杂志》的第一期,纽约,1883 年(两位作者均默默无闻)。还有令人愉快且充满生机的史诗《苏格兰朝臣》,作者凯瑟琳·辛克莱尔,爱丁堡,1842 年。

To double their numbers, and multiply more,
For Babbage himself might exhaust all his lore.
As easily reckon'd the leaves on the trees,
That flutter on high in bright summer's soft breeze,

把他们的数字翻倍,再乘以更多,
巴贝奇自己可能会耗尽他的全部知识。
树上的叶片很容易计算出来,
在明媚夏日柔和的微风中翩翩飞舞,

巴贝奇是一个家喻户晓的名字:在 1843 年小说《与生俱来的权利》中作为信手拈来的典故,作者戈尔夫人(哈珀斯,纽约)。

has been brought of late within eight hours'
range of London ; and eeded more miles than
Babbage could compute from the kingdom of
Heaven. But before all trace be obliterated of
the simplicity of its good old times, come forth,
thon gray goosequill and a few of thy ran-

......在伦敦八小时的范围内,比巴贝奇能计算的到天国的距离还远。但是在所有美好旧日时光的简单痕迹都被抹去之前,出来吧,

《人形机器人、技术原型和人工智能，1839 年！》，出自《外国季度评论》第 23 卷，这篇未署名的文章回顾了法国化学史（阿尔伯特指的是圣阿尔伯斯·马格纳斯，13 世纪的炼金术士和学者）。

Popular belief assigned to Albert also a superhuman agent which resolved his difficult propositions. But instead of a brazen head, he had the advantage of an entire man, called the *Androïde* of Albert; which, M. Dumas shrewdly surmises, may have been a calculating machine, personified by superstitious exaggeration. The wonderful invention, then, of Mr. Babbage may have had a prototype at this remote period!

To give some idea of the feelings with which alchemists were

人们普遍认为阿尔伯特还有一个超人类的手下，用来解决他的难题。不过和一颗黄铜色脑袋相比，他拥有一个完整人的优势，被称为阿尔伯特的"人形机器人"。对此，M.杜马斯精明地猜测可能是一台计算机器，被迷信的夸张拟人化。那么，巴贝奇先生奇妙的发明可能在那个遥远的时期就存在原型！

我个人最喜欢的巴贝奇的随机片段：1832 年，《伦敦文学公报》和《文学、科学、艺术杂志》报道了英国科学促进会的情况。

eminent, so as to deserve the title of *Lions*. Cambridge was strongly, worthily, and ably represented in the persons of Airy the astronomer, Whewell the mathematician and mineralogist, Sedgwick the renowned champion of geology, Babbage the logarithmetical Frankenstein. Each Society of London had sent forth its deputies; Davies Gilbert and children from the Royal Society, Brown the boast of the Linnean, Murchison, Fitton, and Greenough

强有力、尊敬、巧妙地介绍剑桥大学的杰出代表，包括天文学家艾利、数学家兼矿物学者休厄尔、著名的地质学冠军塞奇威克和对数学科的弗兰肯斯坦——巴贝奇等。伦敦的每个社团都派出了自己的代表：戴维斯·吉尔伯特和来自英国皇家学会的孩子们；布朗，林奈学派的骄傲；穆奇森、菲顿和格林诺

一位女士只在其出生、结婚和死亡（而那时她已经发表了第一篇计算机论文）之时见诸报端。因此，关于埃达的内容要少得多，也不那么有趣。如果你想看的话，这里是她在法庭陈述中写的话，摘自 1833 年的《法庭日志》：

HON. MISS ADA BYRON.
White embroidered tulle dress over rich satin: corsage en pointe drape, with cestus, mantille, and vast ruffles of rich blonde; white satin train, trimmed with blonde. Head-dress, feathers, and blonde lappets, ornaments, diamonds and pearls.
HON. MISS DUNDAS.
Dress of white crape over white gros de Naples;

尊敬的埃达·拜伦小姐

华丽的缎面长裙上罩着白色刺绣薄纱：……垂坠，牛皮手套，面纱，……大量金色，随从身着白色缎面，……金色。头饰，羽毛，和金色的……，首饰，钻石和珍珠。

幸运的是，埃达有时可能不是淑女！一则刊登在 1833 年《纽约镜报》上的奇怪片段中有惊人的消息。

> mineral execution hereafter, at the reduced price of ten thousand dollars per annum!
>
> ON FIK!—It is said, that Ada Byron, the sole daughter of the "noble bard," is the most course and vulgar woman in England!
>
> "ANOTHER—AND YET ANOTHER!"—A new monthly magazine is in contemplation, under the editorial direction of Charles Hoffman.

这需要敏锐的目光（和令人印象深刻的文本识别算法）才能分辨出来——上面写道："啊呸！——有人说，'贵族吟游诗人'的独生女埃达·拜伦是英格兰最粗俗的女人！"哦，算了吧，《纽约镜报》，你不能就这么算了！乱来！乱来！埃达确实很喜欢在信中说脏话（如果你认为"该死的"算是脏话），而且由于被狼数学家抚养成人，她的举止也颇为奇怪，因此我猜他们想说的就是这些吧。

我们又一次打开了用着不错的配方书，这一次，我们选出了那些与盥洗室有关的内容。我们遇到的第一个是奎宁牙膏配方，它曾经属于伦敦西区的一位化学家，他在四十二年前去世了。这种牙膏是女王和已故亲王的最爱。它也令人联想到拜伦勋爵，因为他的女儿埃达——洛夫莱斯伯爵夫人——习惯一次买上六盒。我们的年代史编者表示："（她）乘坐着马车拜访制作它的地方。"上一时代的一位时髦牙医非常看重这种牙膏，把它放在十四号带盖盒子中，并在盒子上标注自己的名字，另外还有许多与此相关的尊贵联系。"过磷酸盐""最优生产技术""肉桂"被添加到原始配方的一种或其他所有成分中，但是，我们更倾向于认为它只采用最好的原料。

奎宁牙膏
（女王陛下同款）

......

所有粉末都要按照上述顺序细致地研磨混合，油要在将粉末三次通过细槽前混入 。

> NCE more we open the recipe-book which we have recently used to so good purpose, and on this occasion we select those formulæ which pertain to the toilet. The first one that we meet is a formula for quinine dentifrice which was formerly in the possession of a West-end of London chemist, who died forty-two years ago. The dentifrice was a favourite one with the Queen and the late Prince Consort; and it has an association with Lord Byron, in so far as his daughter Ada, Countess of Lovelace, was in the habit of buying it half-a-dozen boxes at a time, "calling at the establishment where it was made in her carriage," says our chronicler. A fashionable dentist of a generation ago thought so much of the dentifrice that he had it put up in No. 14 turned wood boxes, and labelled with his own name, and there are many other honourable associations in connection with it. "Super," "Opt.," and "Verum," are added to one or other of all the ingredients in the original recipe, but we prefer to give it on the understanding that only the best materials be used.
>
> **Quinine Dentifrice.**
> [As used by Her Majesty the Queen.]
>
> Pulv. rad. iridis flor. .. .. .. ℥xij.
> „ cretæ præcipitat. .. .. ℥xxxvj.
> „ oss. sepiæ .. .. .. ℥iij.
> Ol. rosæ virgin. .. .. .. ♏xxx.
> Quininæ sulphatis .. .. .. ℨij.
> Pulv. saponis hispan. (fresh) .. ℨij.
> Ol. cinnamomi .. .. .. ♏xxv.
>
> All the powders to be finely levigated and mixed in the above order, the oils being intimately mixed before passing the powder through a fine sieve three times.

可悲的是，富得流油的有钱人很稀缺。你能接受她最喜欢的牙膏配方吗？摘自《化学家和药剂师》，第 41 卷，1892 年。我认为，如今更多的商业期刊应该以龙作为装饰。

COUNTESS OF LOVELACE

埃达·洛夫莱斯伯爵夫人的名片，属于巴贝奇的遗产©
［悉尼应用艺术与科学博物馆（是澳大利亚的悉尼，而不是
这段说明文字的作者悉尼）］

……以及埃达·洛夫莱斯在背面的笔迹！

图 1　伦敦，泰晤士河南岸，
没有成功制造出差分机的宇宙。

图 2　伦敦，泰晤士河南岸，
成功制造出差分机的宇宙。

附录 II

分析机

有关巴贝奇分析机的巨大尺寸和惊人智能，你已经了解了许多，那么你现在或许很好奇它看上去究竟是什么样，以及确切地说，它将如何工作。

在完成这一部分的时候，我曾厚颜地希望借鉴整台机器已存在的可视化形象。因此，发现从没有人做过这件事时，我自然感到非常不安。当然，针对分析机这一主题，有大量非常精细且极具技术性的学术成果，有一些小部件的正交图，以及对每英寸黄铜可能磅力的分析等，但是没有一样提供了我真正想看到的东西：一台巨大的、5 米高的齿轮计算机那令人目瞪口呆的图像。所以我不得不自己画一张。

下面的图像是在已故的巴贝奇学者艾伦·G.布罗姆利的珍贵文件的帮助下，根据巴贝奇的设计图绘制的。

分析机

设计图 25

这是在 19 世纪 40 年代早期，根据巴贝奇的设计图建造的分析引擎。

1. 存储器（硬盘或内存）2. 磨坊（中央处理器）3. 蒸汽机（动力）4. 打印机（打印机，在另一侧）
5. 操作卡（程序）6. 变量卡（编址系统）7. 数字卡（用于输入数字）8. 桶控制器（微程序）

自动计算机器

显而易见，让这样一台机器运行起来需要考虑得多么多面，各部分之间又是多么复杂。通常有几组不同的效应同时产生，它们全部以一种相互独立的方式运转，但在某种程度上仍保持互相影响。

——埃达·洛夫莱斯，《分析机草图》注释

所以，我将向你解释分析机，不过这有一点复杂。

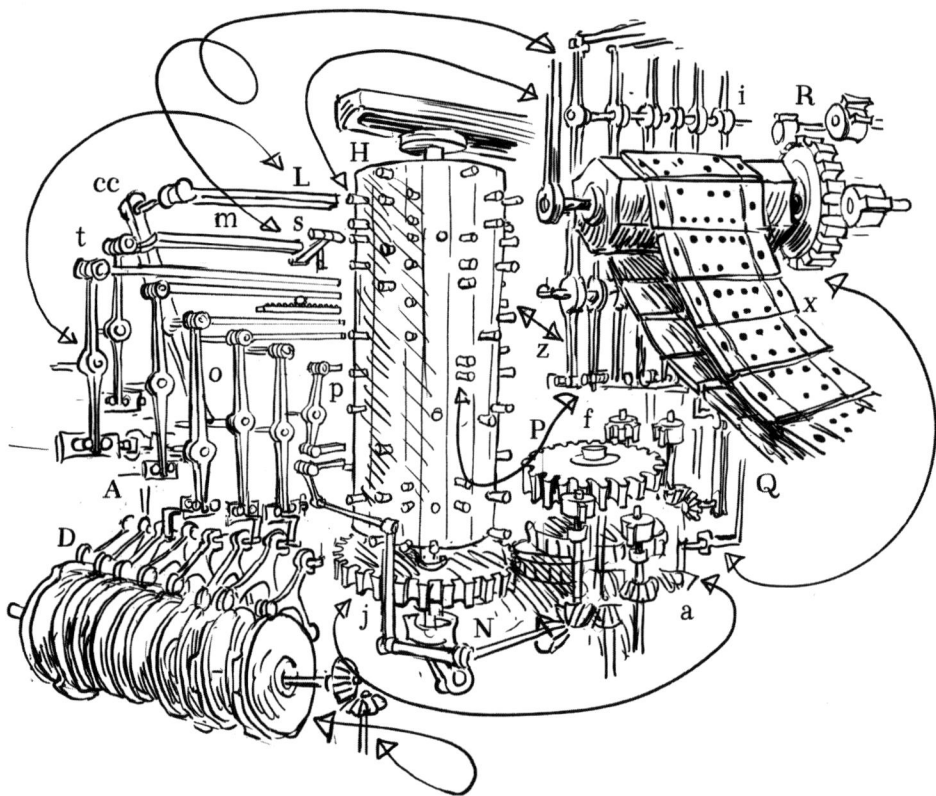

关于分析机，首先需要了解的是它属于 19 世纪早期不断猛增的机械生物类：自动机械。[*] 从 19 世纪初到 19 世纪 40 年代，人们见证了自动纺织、自动刹车、自动疏缝、自动调整等发明的诞生。巴贝奇从来没有用过我能找到的关于其引擎的术语，但是在 1841 年，一位塞奇威克小姐报道称：

> 在早餐时间，我有幸坐在巴贝奇先生身旁，作为自动计算机的发明者，他的名字在我们中广为人知。他有一双引人注目的眼睛，看上去似乎能够洞穿科学，或者其他任何他想研究的对象。

---

[*] "自动"的最早使用可以追溯到 18 世纪 40 年代，但是乔治·切恩贸然——就像后来事实证明的那样——宣称："如果没有受到自动的第二媒介的影响，一个有机动物体不可能仅用机械论来解释。"

人们公认的工业革命中的第一台"自动"机器是詹姆斯·瓦特的离心调速器，旋转的圆形小部件赋予经典蒸汽机一个赏心悦目的外观，既复杂又精巧。正如 1832 年巴贝奇本人在对各种机器进行的百科全书式的调查——《论机器和制造业的经济》——中指出的："（自治器械）第一个代表自身的形象是那美丽的创造物：蒸汽机的调速器。所有熟悉那台令人钦佩的机器之人都必然会立即想到这一点。"

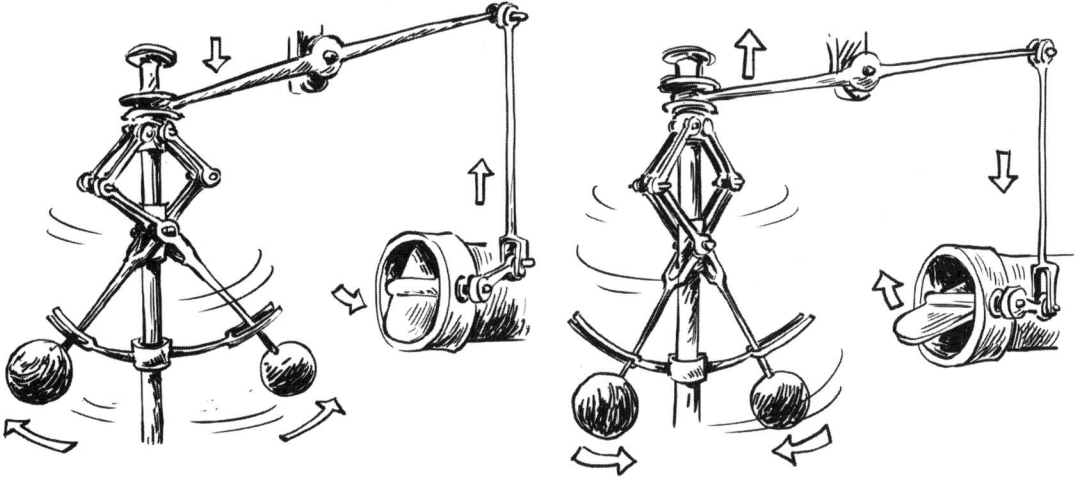

当机器加速时，球被离心力向外抛，拉下圈箍，堵住蒸汽通道（这就是为什么它被称为"节流阀"）。这会使机器减速。随着速度减慢，球又会下落，再次打开阀门，使更多的蒸汽进入。顺便说一句，"用尽全力（balls out）"的说法就出自这个机制。

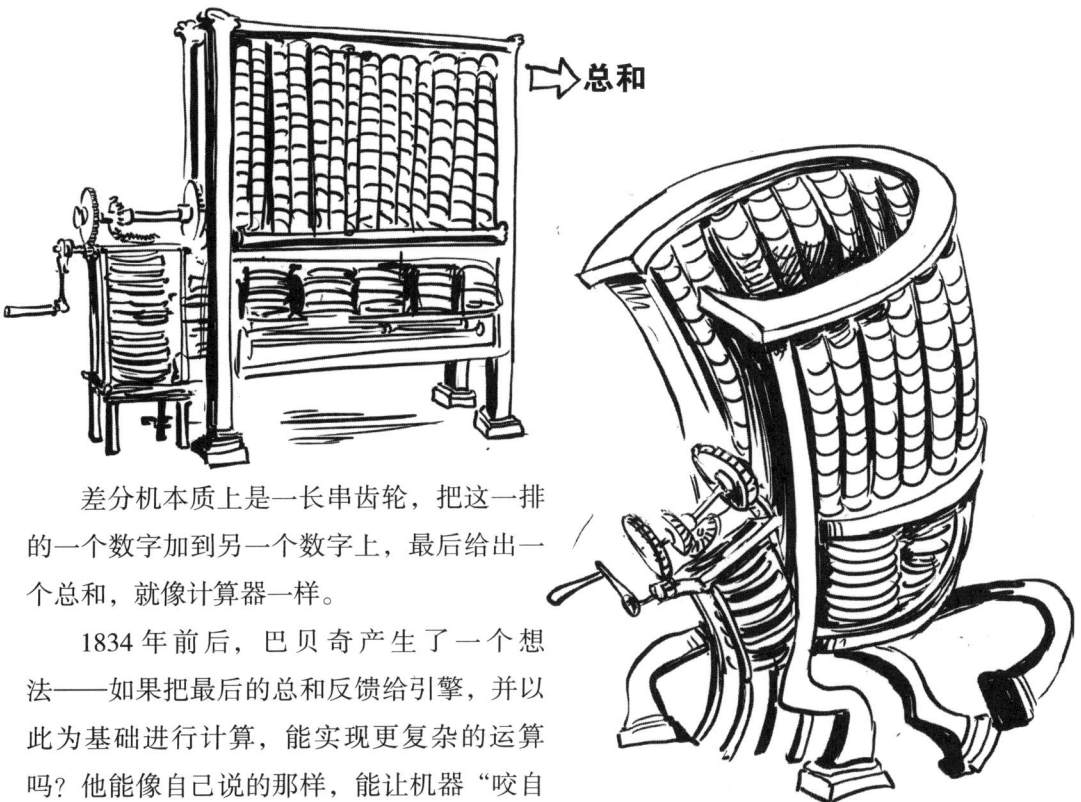

总和

差分机本质上是一长串齿轮，把这一排的一个数字加到另一个数字上，最后给出一个总和，就像计算器一样。

1834 年前后，巴贝奇产生了一个想法——如果把最后的总和反馈给引擎，并以此为基础进行计算，能实现更复杂的运算吗？他能像自己说的那样，能让机器"咬自己的尾巴"吗？

从本质上讲，分析机就是一台咬自己尾巴的加法机器。一端复杂排列的齿轮完成由卡片和桶控制的加和，另一端在"存储器"——我们如今称之为内存——一排长长的齿轮上断断续续地输入结果。我会逐一讨论，但这里先展示它们如何协同工作：

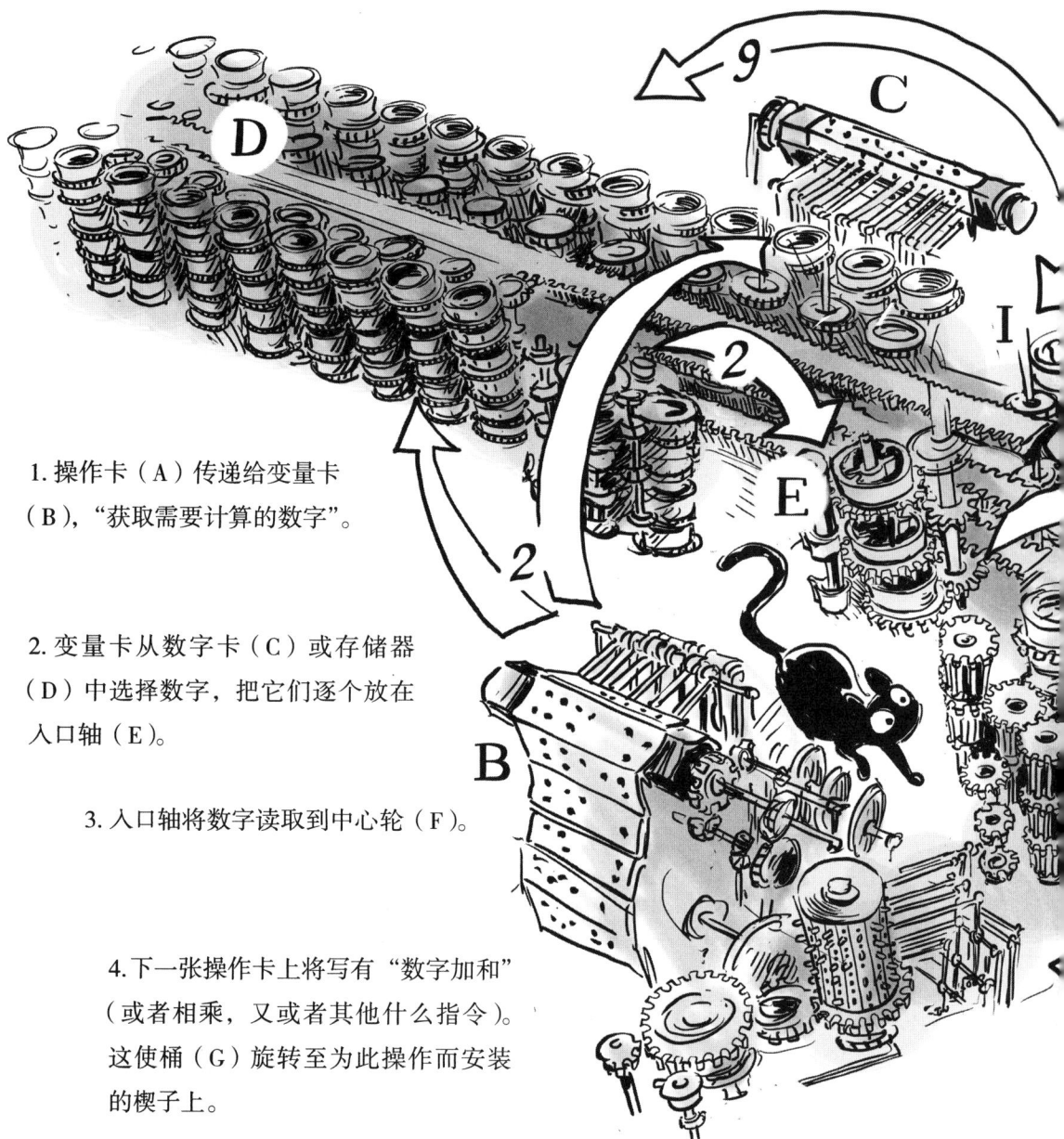

1. 操作卡（A）传递给变量卡（B），"获取需要计算的数字"。

2. 变量卡从数字卡（C）或存储器（D）中选择数字，把它们逐个放在入口轴（E）。

3. 入口轴将数字读取到中心轮（F）。

4. 下一张操作卡上将写有"数字加和"（或者相乘，又或者其他什么指令）。这使桶（G）旋转至为此操作而安装的楔子上。

重达数吨的分析机器可能需要实际的建造结构，我们也可以称之为"计算机功能结构"，也就是所有部分如何协同工作。图中是对这台机器极其精简的概览，将其拆分并简化至最基本的机制。在其他部分中，我遗漏了驱动一切的凸轮（它们通常位于所有传动装置之下），以及错综复杂的锁定装置网络——它使所有部件对齐。

5. 桶啮合其杠杆，将所需的轧机齿轮（H）布置连接至中心轮。有单独用于加法、乘法、个位运算以及其他简单操作的小部件。

6. 轧机齿轮将数字相乘、相加等。

7. "磨坊"可能会将指令反馈给桶，要求循环操作，或者跳转到卡片的不同部分，具体情况取决于结果。

8. 得到一个结果！它将被读出到出口轴（I）。

9. 出口轴在变量卡的指示下，将结果读出到存储器或打印机（D）。

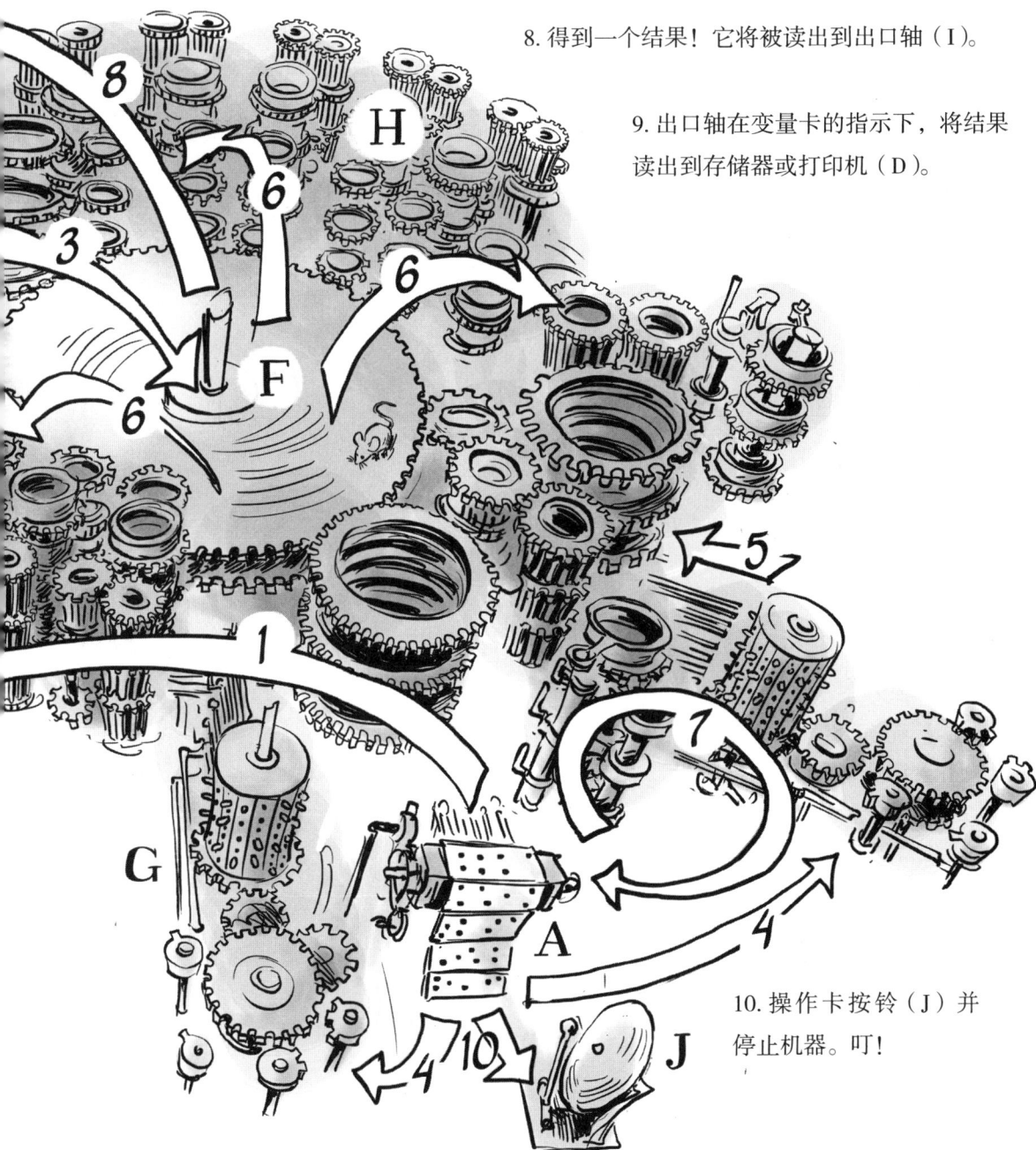

H

8

6

3

6

F

6

I

5

1

1

G

A

4

10

J

10. 操作卡按铃（J）并停止机器。叮！

4

内存：存储器

计算机的首要要求是有存储数据的方法，巴贝奇将其称为存储器。存储器和机器的主体一样，由轮子堆叠的高列柱组成，每一列包含一个多达50位的数字，位于顶端的最后一个轮子指示数字是正数还是负数。

巴贝奇数字轮，实际尺寸。

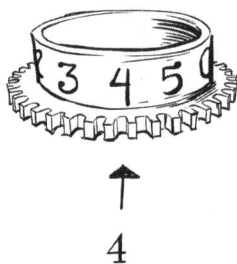

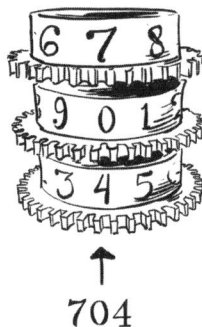

4

704

巴贝奇计划让分析机的处理范围达到小数点后50位（"在我看来，科学的需求或许要经过很长一段时间才能超越这个限度"），这解释了为什么这台机器很高（它的实际高度是此处显示的柱的两倍，每个数字都存储在两个堆叠的轮子上，因此，它既可以保存也可以读取一个数字）。很多计算机历史学家都同意我的观点，即这个小数位数简直大到荒唐。

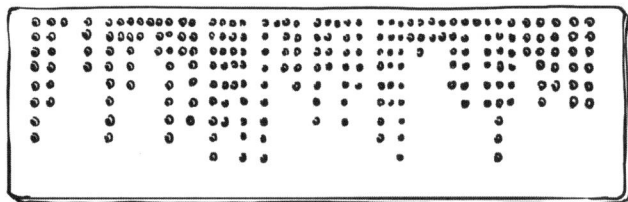

数字也可以通过孔洞的形式，被存储在名为数字卡的专用穿孔卡片上。

8610408252138370975909145
0741750869232256169636566

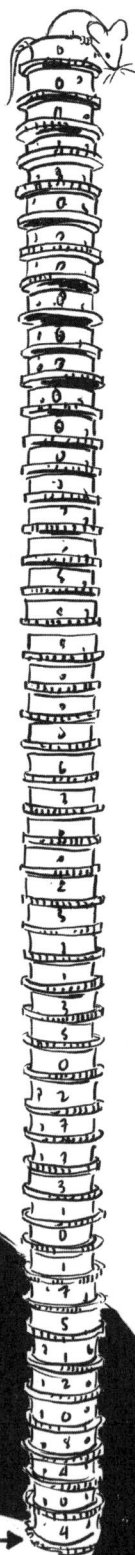

数字读卡器

存储器

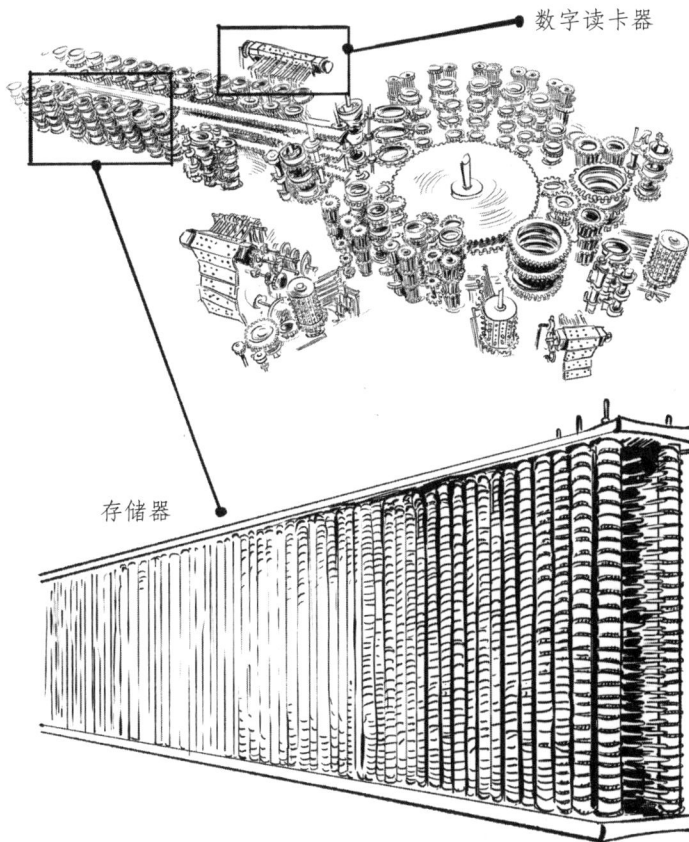

在他 19 世纪 40 年代的设计图中，存储器由两排平行的高数字列柱组成，每一列容纳一个数字。它从一端将数字输入磨坊。

巴贝奇设计图展示的存储器中，多行长长的数字列柱模糊不清地延伸至页面之外；他并没有准确地说明最终设计能容纳多少具体数字。每个人都想要更多的存储空间！

通过使用二进制数，现代计算机把一切问题都大大地简化并缩小了。二进制可以把任何你能清楚定义的数据以两个"状态"存储，分别表现为1和0。

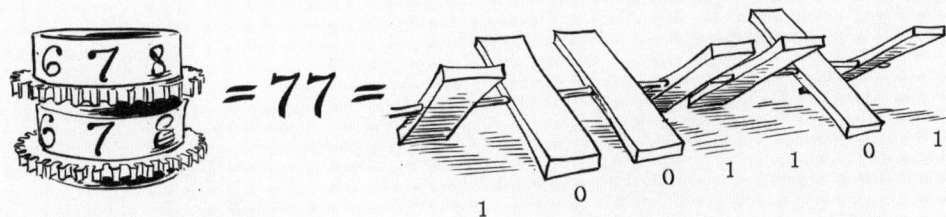

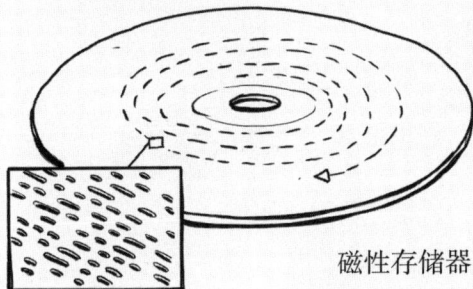

=77=

1   0   1   1   0   1

一张光盘，现在似乎正朝着数字轮的方向发展，它以微小的凹坑存储数据，靠激光以螺旋形顺序写入或不予写入：1= 凹坑，0= 无凹坑。

磁性存储器，例如硬盘，其原理依赖翻转磁化粒子的极性。在撰写这篇文章的时候，一位数据可以被存储在 12 个原子上……

但是，你要怎么把它画出来呢？

数据传输：
齿条和变量卡

    巴贝奇使用被称为齿条的长齿齿轮将用于计算的数字从存储器中提取出来，然后输入机器本身。小齿轮将选定列中的每个数字连接到齿条，由齿条将它们运送到存储器和作坊之间，被称为入口轴的控制柱。同样的系统通过出口轴从作坊中读取数字，传送回存储器。

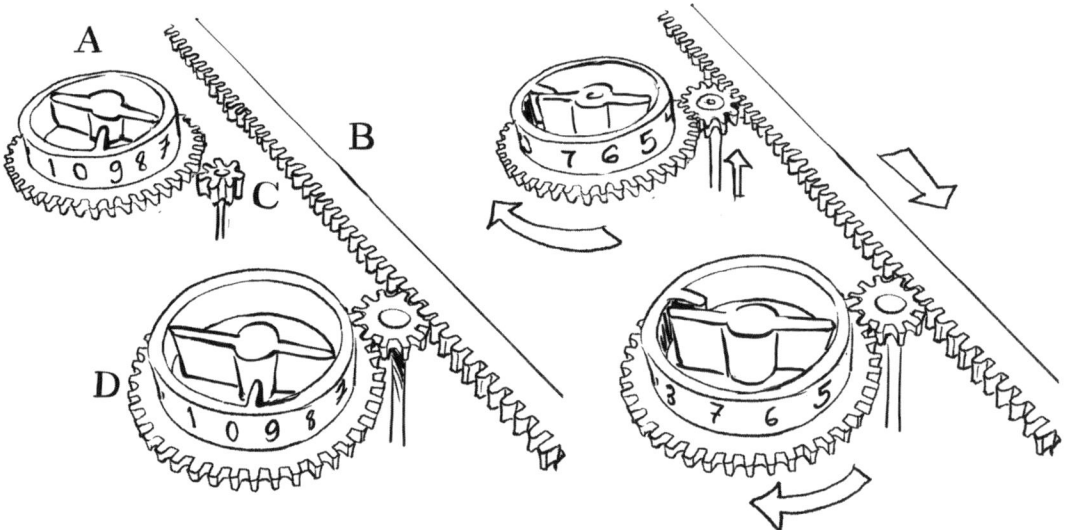

    存储轮 A 通过小齿轮 C 与齿条 B 相连。将存储轮归零后，入口轴 D 将会旋转至与存储轮相同的数字。

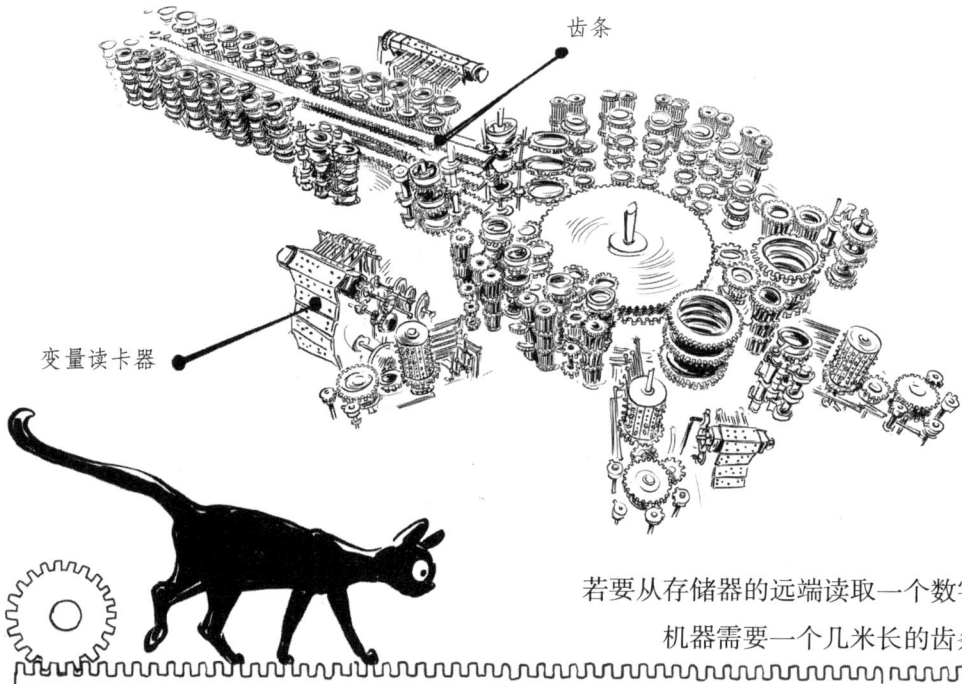

若要从存储器的远端读取一个数字，
机器需要一个几米长的齿条。

在存储器中，变量卡保
存地址以便从中选择号码。
它们也可以通过编程从数字
卡中输入数字（程序员可能
会纳闷为什么这些卡片与程
序本身是分开的——因为它
们需要在相距几英尺的机器
上工作）。

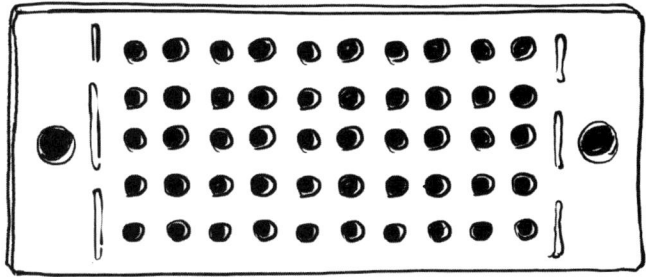

变量卡上的"地址"是一组孔洞，可以触发一组特
定的控制杆。在这个图解中，让我们假设只有一个。

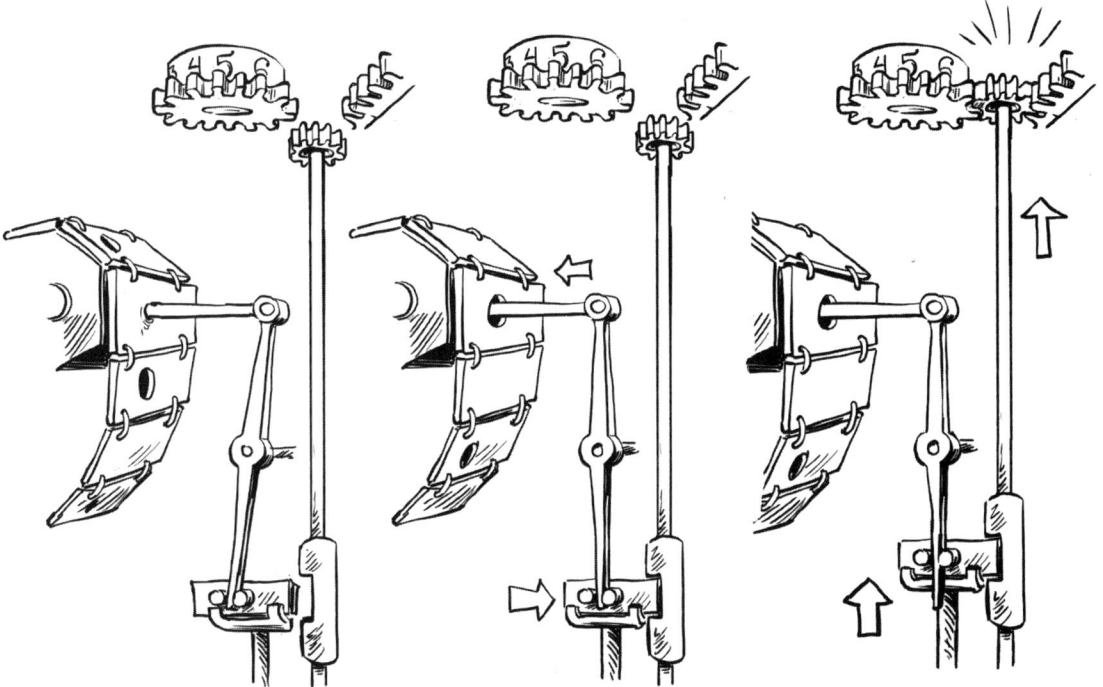

如果穿孔卡上没有孔洞，控制杆就不会被启动。如果有一个孔洞，它会把与卡
片上的位置相对应的小齿轮连接到一个支架上，机器每循环一次，支架都会随之向
上移动。支架抬起后，牵动小齿轮，将入口轮与齿条连接起来。

在现代计算机中，除了电缆或
装饰在电路板上的银色导线细丝
外，数据传输并没有什么可画的。

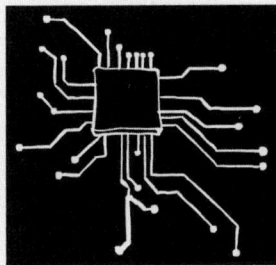

计算：磨坊

一旦数字进入磨坊，机器真正的作业便开始了，而这项作业几乎就是不断重复十足简单的算术。尽管洛夫莱斯注意到，隐藏在成吨重的齿轮和传动装置背后的是一台操纵符号和一般信息的机器，但巴贝奇对这些齿轮和传动装置的压倒性关注点是计算数字。巴贝奇为加法、减法、乘法和除法设计了各种不同的机械装置，但我只给你讲其中一个，那是目前为止他最喜欢的——预期进位，一个希斯-罗宾逊式的奇妙装置，用于数据加和。

巴贝奇在他已经出版的作品中表现出一个令人沮丧的习惯，那就是并非机械地描述他的机器，而是独出心裁地采用拟人手法——机器"请求""要求""确信""知晓"以及"发现"。在预期进位的例子中，它"有预见的能力，并且能够参照这一预见行事"。实际上，在某种程度上它确实做到了！而且它聪明得异乎寻常。

在你进位之前，显然你必须先对数字进行加和。基本加法器的原理非常简单：

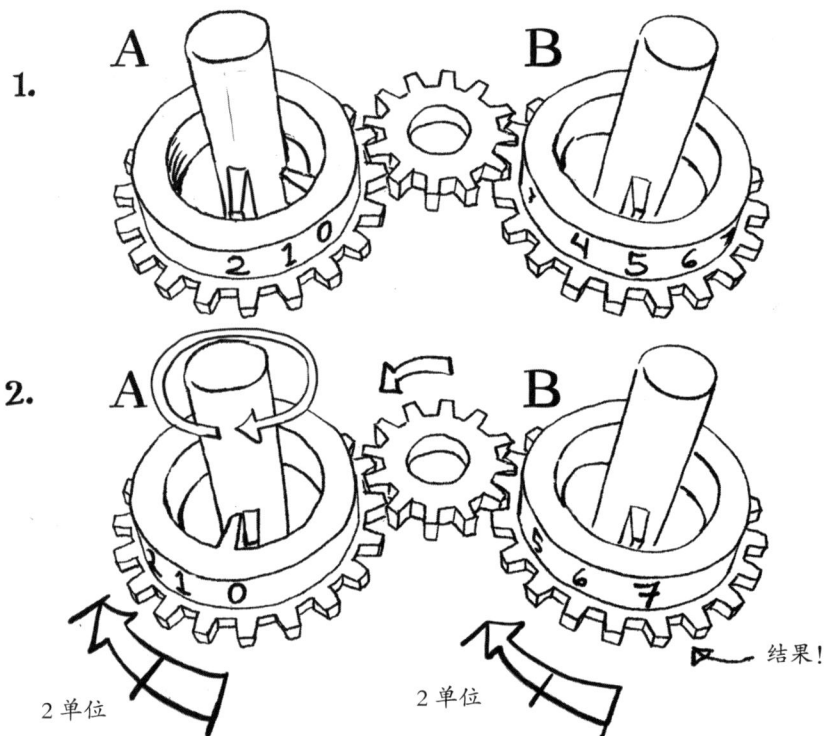

第一个数字的 A 轮有一个小凸缘从内侧伸出，处于零位，它所在的轴上也于零位有一个小凸缘。通过将齿轮旋转至所选数字来设置数字，可以通过转动轴使轮子返回零位来实现归零。

第二个数字呈现在 B 轮上，该轮与 A 轮啮合。如果第一个轮子归零，那么 A 轮上的任何数字都会被加到 B 轮上。

假设你有这样一个问题：

$$1894 +$$
$$3184$$

如果你回想起一年级学习数学的乐趣，你就会注意到，棘手的部分正是进位。在列柱中设置两个数字，就像它们在引擎中一样，你会发现如果你每次给每一行加上 1，然后是十位，再然后是百位等——有时没有进位，有时进一位，有时看上去似乎不需要进位，因为你只得到了 9，但是随后下面的列柱加上 1 后产生了进位。

进位前的总和

$$1 + 3 = 4 \qquad 1 = 5 \quad \text{生成进位}$$
$$8 + 1 = 9 \qquad 1 = 0 \quad \text{正常进位}$$
$$9 + 8 = 7 \qquad = 7 \quad \text{无进位}$$
$$4 + 4 = 8 \qquad = 8$$

如果你曾看到差分机的运行状态（如果你没看过，在互联网上有许多优秀的视频），你会被那些美丽的如波浪般起伏的进位臂震撼，它们螺旋形的手指从机器背面划过。它们是螺旋形的，因为要从下到上依次进位，"检查"每个生成的进位。

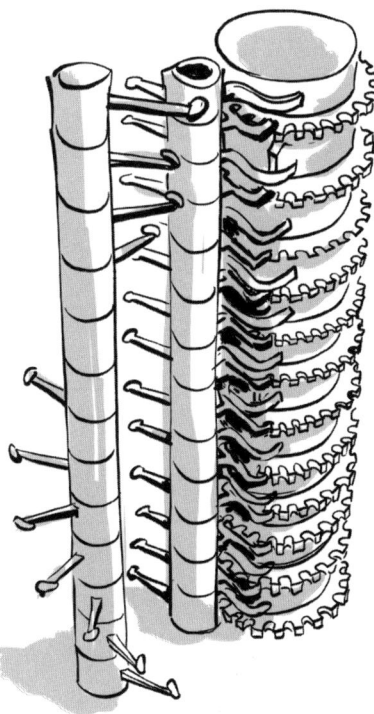

（我不能解释每一个小部件，所以只要记住我的话，这个小部件从下到上每次进一位）

这花费了额外的几秒钟，而那失去的几秒钟——我需要提醒你，是虚构的几秒，因为差分机从来都只存在于图纸中！——简直把巴贝奇逼疯了。尽管两台机器实际上都不存在，或者说都没有表现出任何存在的可能性，他仍然决心发明一种在分析机中更快完成进位的方法。他在自传中讲述了这个故事。

一场属于

查尔斯·巴贝奇的真正冒险

预期进位的秘密！

正如他在《一位哲学家的生平》中自述的

我宣布，只有教会机器预见问题，并且根据所预见到的采取行动，才能引导我实现渴望的目标，即在一个单位时间内，把任意数量的进位都计算出来。

我做到了！！！

我教会了机器去……

预见问题！！

我现在开始解释自己的观点，很快便发现助手对此了解甚少。这也并不奇怪，因为我在自己尝试的过程中，也发现我的计划有几个缺陷。

✲ 在分析机方面，巴贝奇有一到两位助手，他用自己的可观财富支付他们的工资——菲尔丁夫人在给她的儿子——摄影先驱威廉·塔尔伯特——的信中写道："他说他每年支付某些人 400 英镑，让他们协助自己，并且不得不教授其中一人数学，使其能够胜任。"对于一个人而言，这是一份相当丰厚的薪水。布鲁内尔声称他的助手"沉湎于每年 300 英镑"，所以，或许是两个人，或许是一个极其令人羡慕的人，拿着一包钱接受查尔斯·巴贝奇的款待和指导。

我当然可以作证，科学博物馆那整洁的大型分析机设计图上漂亮且非常清晰的笔迹绝对不是出自巴贝奇之手！

许多年后，他告诉我，他退休后到我的图书馆来时，真的认为我的神志开始失常了。

一定要多想想！

谢谢你，我勇敢无畏的助手！

没问题。

读者也许会好奇，我是如何度过那非凡的一天的。……我在花园巷的一个朋友家里吃饭。提到我最近的成功时，我发现它带来了一种精神上的振奋，那是连他美妙的香槟也难以企及的。就这样，在忘记了科学，享受了四五个小时的社交生活后，我回到了家中。

大约一点钟的时候，我在床上睡着了，一口气睡了 5 个小时。

完

✿ 在自传的其他部分，巴贝奇谈到了如何在几年时间里不断完善他的预期进位机制，所以如果你仍在为自己的发明而挣扎，请不要感到难过。

✿ 此处，我怀着一点艺术放纵，把洛夫莱斯放到了角落里。巴贝奇把他的洞见的发表时间标记为 1834 年 10 月，那时 19 岁的埃达刚刚结婚。总体上来看，这是分析机开发的初期阶段，那时洛夫莱斯和巴贝奇还没有建立起非常密切的关系。

这是巴贝奇想出的一种安排，为自己理论上的机器在每次进位时节省几秒假想的时间。这些图表极大地简化了巴贝奇的设计，原本的设计中充满了各种精巧的零碎物件，很难看出发生了什么——例如，它也可能在做减法时全部消失。

未进位的总和轮（A）与最终的总和轮（B）啮合，因此，它们将读取相同的数字。如果在做加法的过程中，总和轮转过了零，则需要进一位，这就会触发警告杆（C）轻推进位小部件（E）下面的警告支架（D）。如果进位前的和是 9，那么预期臂（F）就会将自己置于进位小部件和进位齿轮（G）之间。

（你能够理解为什么巴贝奇的助手可能有点迷茫了吧？）

如果你回到原始的问题，就能看出它是如何工作的：

进位前的总和
↓

$$1894 +$$
$$3184$$

1 + 3	=	4	1↗	= 5	生成进位
8 + 1	=	9	↙1	= 0	正常进位
9 + 8	=	7		= 7	无进位
4 + 4	=	8		= 8	无进位

因此，如果一个轮子读数为9，带有楔子的臂就会移动到适当的位置以缩小间隙。如果下面的轮子有进位，而且这个轮子上的读数为9，那么它也需要再进一位。

随着第一次加和的完成，我们加入不畏艰难的进位齿轮，但是进位还没有完成……

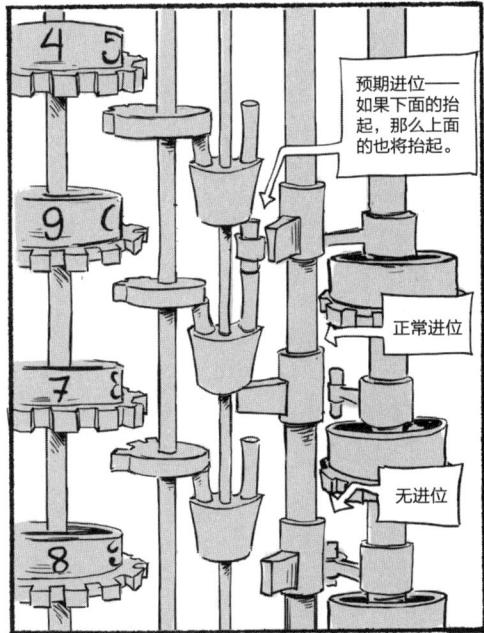

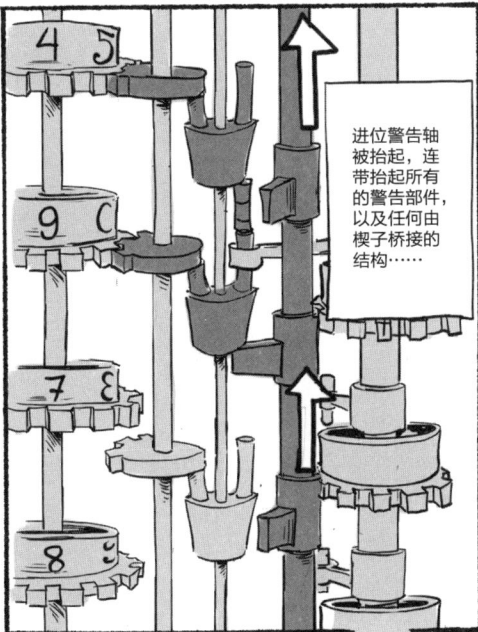

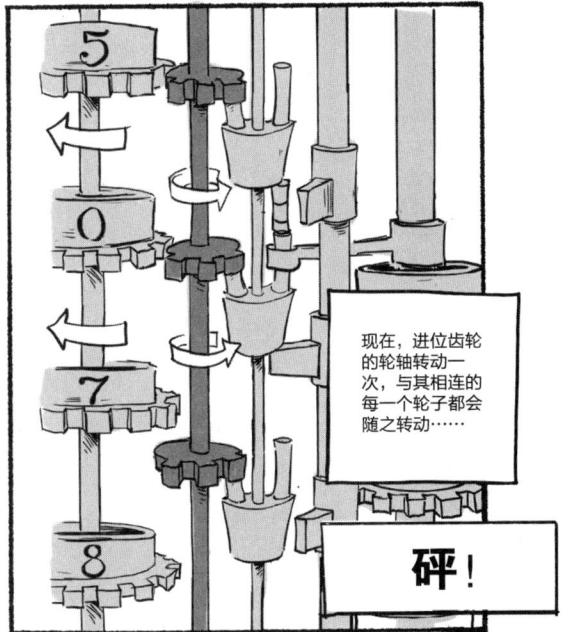

预期进位——如果下面的抬起，那么上面的也将抬起。

正常进位

无进位

进位警告轴被抬起，连带抬起所有的警告部件，以及任何由楔子桥接的结构……

现在，进位齿轮的轮轴转动一次，与其相连的每一个轮子都会随之转动……

砰！

程 序

我们理解的"程序"都在这些上面：

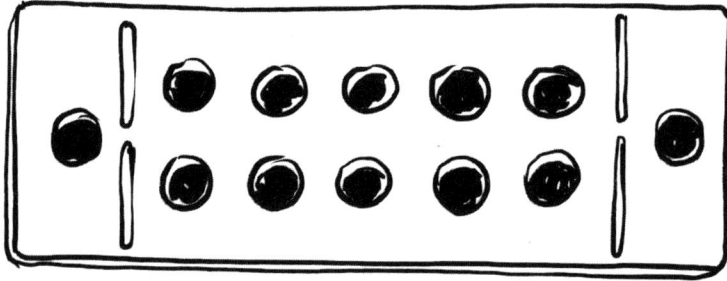

操作卡

很适合洛夫莱斯的知识范畴，操作卡是机器中的贵族。它们一般不会直接作用于工作的机器上，相反，它们指挥自己的下属——桶和变量卡，去控制各自的部下——磨坊和存储器——啮合齿轮的正确排列，从而实现加法、乘法，或执行程序指令的任何操作。

最简单的加法也需要很多机器完成，因此，操作卡上的一个控制杠杆可以控制由最大的桶激活的 80 个杠杆的任意组合。

卡片的工作原理是将桶旋转一周，使其面对一组杠杆的不同部分。桶的每一部分都有不同方式排列的楔子，激活不同组的杠杆。从某种意义上讲，操作卡和变量卡一样，都是一个寻址系统——这些地址是用于操作而不是作为数据的。

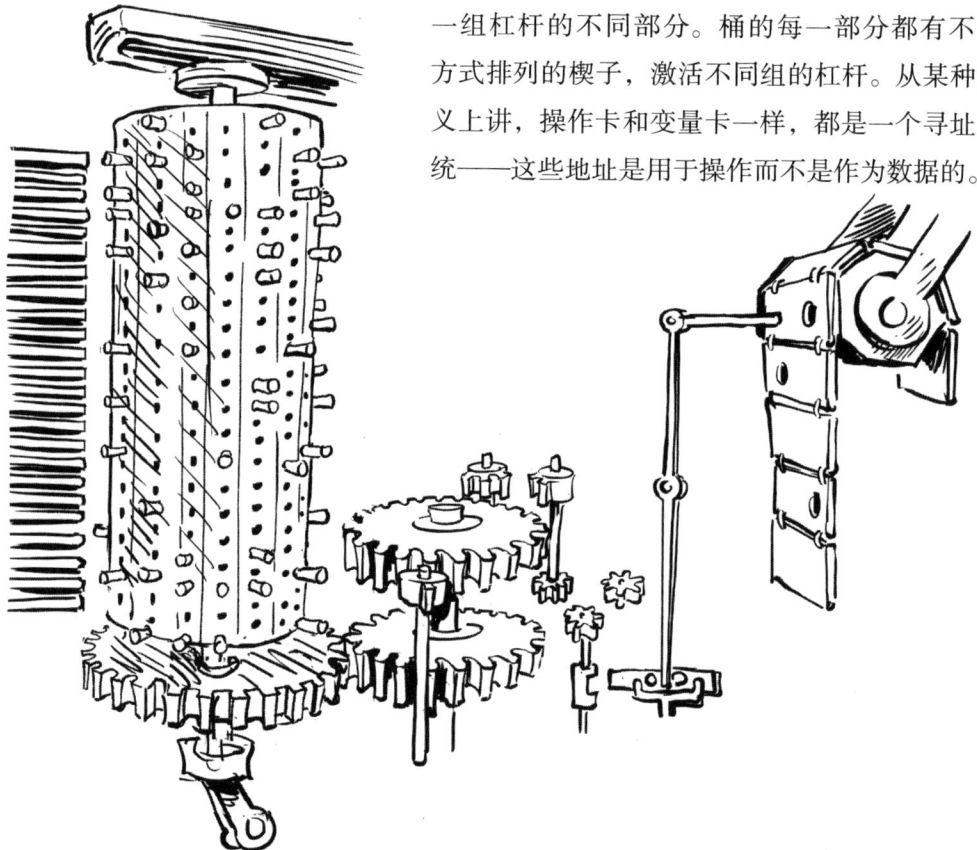

这些桶看起来与令巴贝奇备受折磨的手摇风琴十分相似，十分可疑，但它们的工作原理略有不同。桶并非连续不停地转动，而是旋转到某个位置，停下来，然后继续向前打孔，将它们所有的杠杆同时按下。

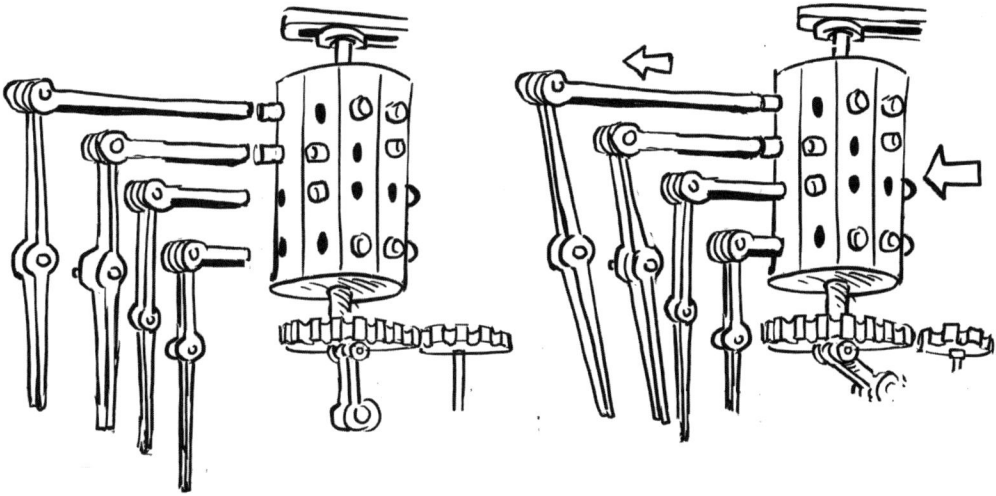

操作卡控制变量卡以及桶。由一串卡片编成的一个程序可能如下所示（我并不确切地知道孔洞的具体位置在哪里，所以你不要在你自己的分析机上运行这个）：

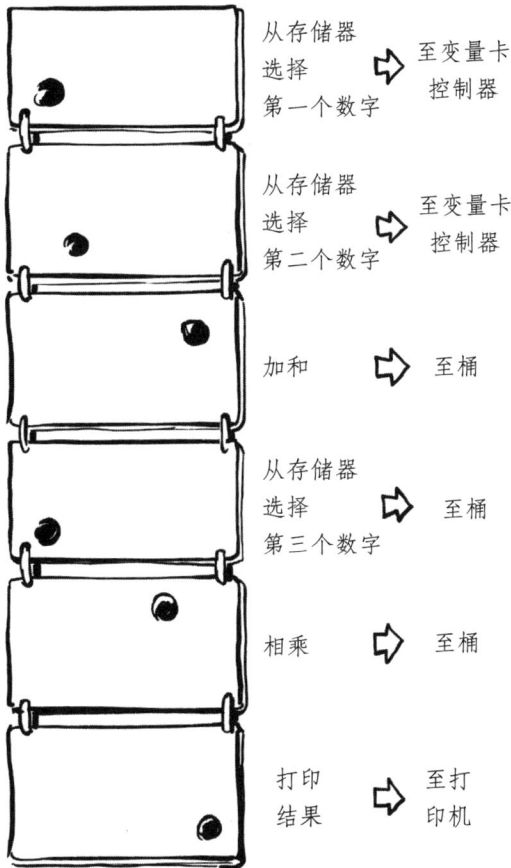

从存储器
选择   ⇨   至变量卡
第一个数字   控制器

从存储器
选择   ⇨   至变量卡
第二个数字   控制器

加和   ⇨   至桶

从存储器
选择   ⇨   至桶
第三个数字

相乘   ⇨   至桶

打印
结果   ⇨   至打
            印机

打孔卡

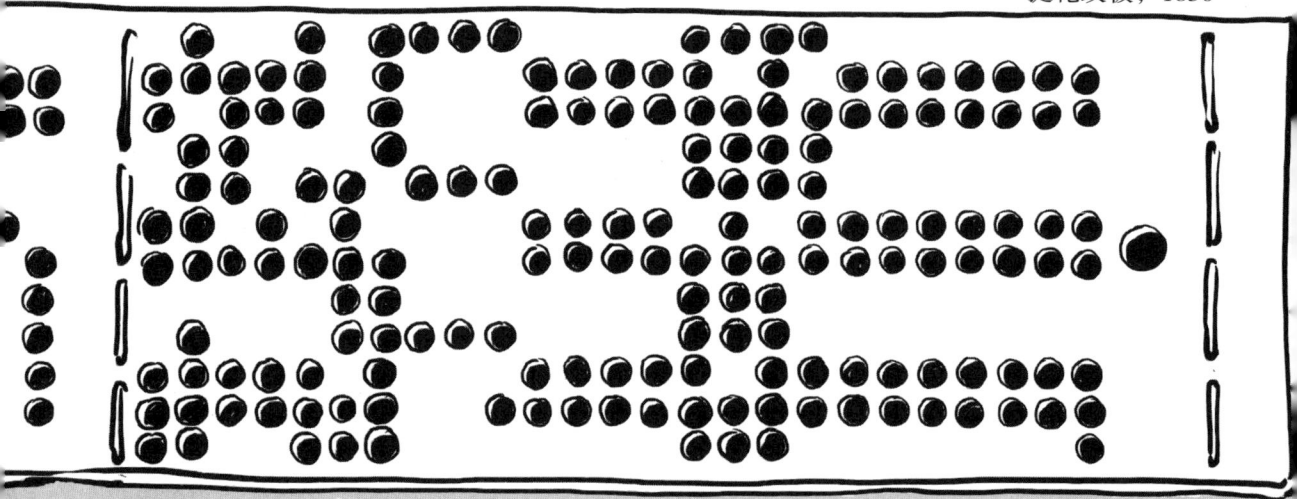

美国人口普查卡，1890

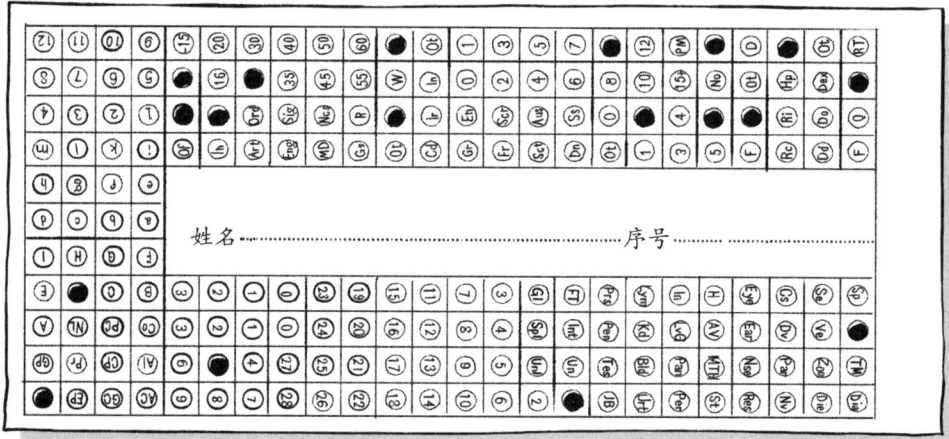

IBM 80 列卡*，1955

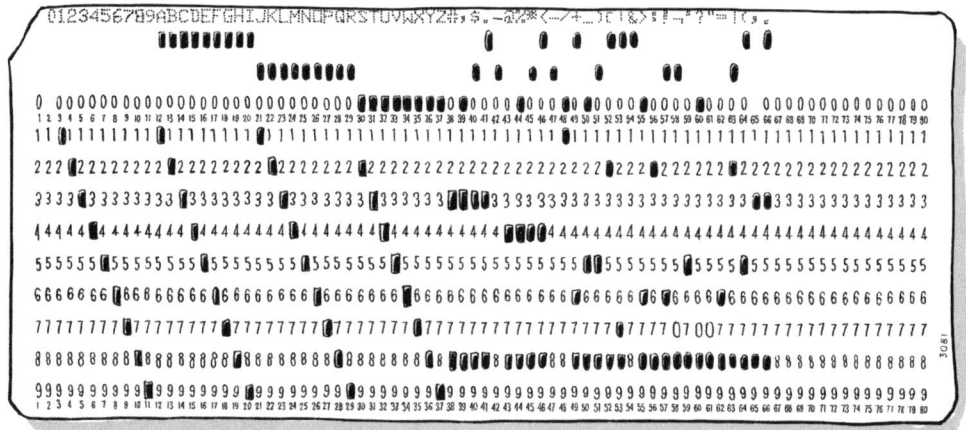

*1932 年，一些天才使用方孔实现了在卡片上加载更多的数据。

巨像磁带，1943

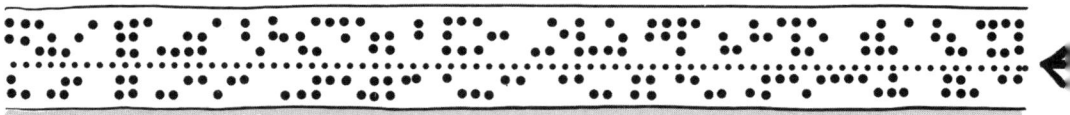

302

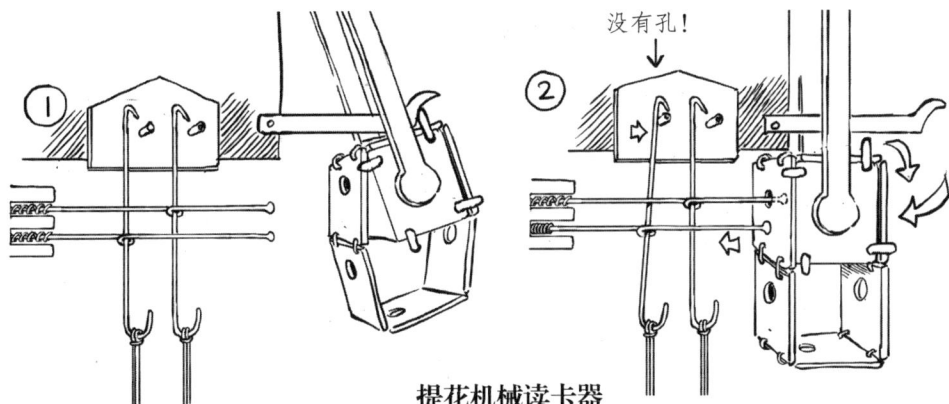

提花机械读卡器

提花织机是最早的穿孔卡片系统，巴贝奇从这台机器上获得了大量灵感。它的原理简单而巧妙：机械臂携带穿孔卡片向下摆动，将卡片压在水平销的顶端。如果卡片上有一个孔洞，水平销就停留在原位；如果没有，卡片就将水平销推回弹簧上，使钩子倾斜到楔子上。楔子被提起后，只携带着倾斜的钩子一起，将下方织物的经纱抬高。

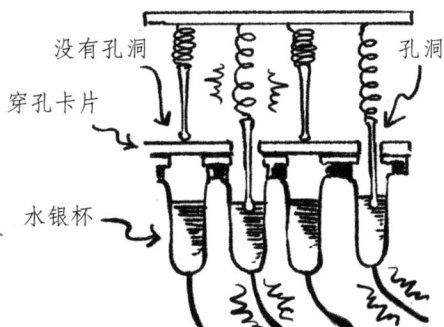

电子读卡器

继提花织机信息存储卡片后，下一个投入使用的是赫尔曼·霍勒瑞斯在 1890 年用来进行美国人口普查统计的信息存储卡。

在被统计的 6300 万人口中，每个人的信息都被编码到一张人口普查卡上，根据每个人的年龄、种族，以及其他统计人员感兴趣的情况在卡片的选定位置上打一个孔。如果针尖碰到一个孔洞，就会浸入一杯水银，引起电路闭合，并经由电线发出一次电脉冲，触发一个计数器。

霍勒瑞斯的公司最终发展为 IBM。后来，IBM 的读卡器在 20 世纪 60 年代使用了一种金属"刷子"，能够在卡片沿着滚筒移动时从其表面划过。一个齿尖遇到一个孔洞时，就会与金属滚筒相接触，令电路闭合一瞬间。这种读卡器每秒能读 16 张卡片。

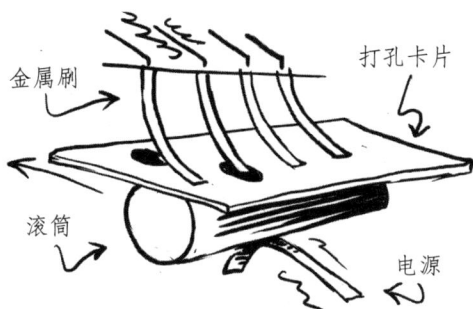

光学读卡器

1943 年，英国破解密码的巨像计算机通过使用一种令人联想到电影放映机的设备，实现了每秒读取 5000 行加密的德国信息。光线穿过有着 5 位博多码的自动收报机纸带，将光电池激活。中下方的点是"定时脉冲"，用于将一行与下一行分隔。巨像计算机在战后被摧毁，直到 20 世纪 70 年代都一直是国家机密。

逻辑与回路

  尽管这些齿轮和卡片都采用了先进的技术，但是它们还不足以令差分机成为一台计算机——它是一台执行十进制计算的机器，但并不是自动的。使它成为计算机的是一个小装置，在这么大吨位的机器里只占几盎司[*]的重量：条件臂。

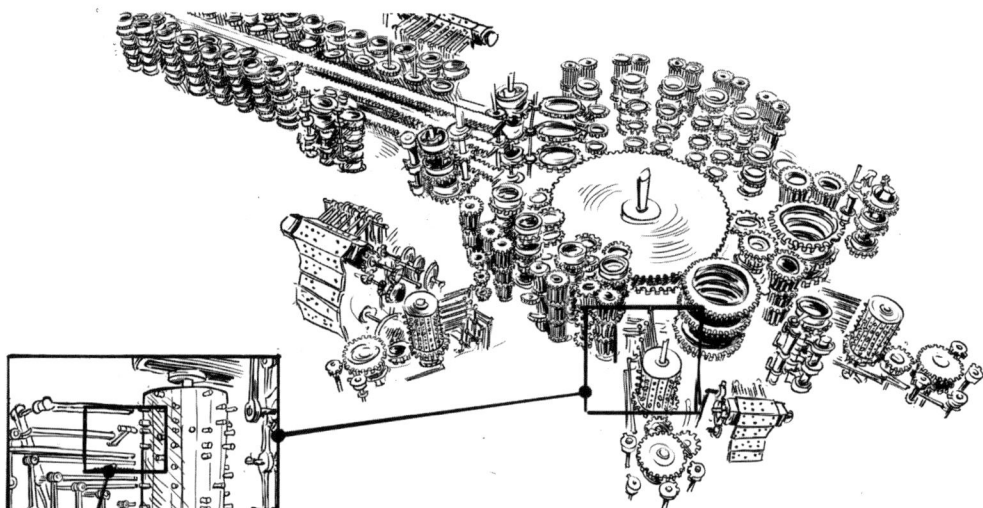

  如果计算结果需要程序进行进一步操作，条件臂就会自动下降。随着条件臂被放下，程序的一个楔子在桶中就位，操纵杆就会被触发，使引擎进入一个新的循环。

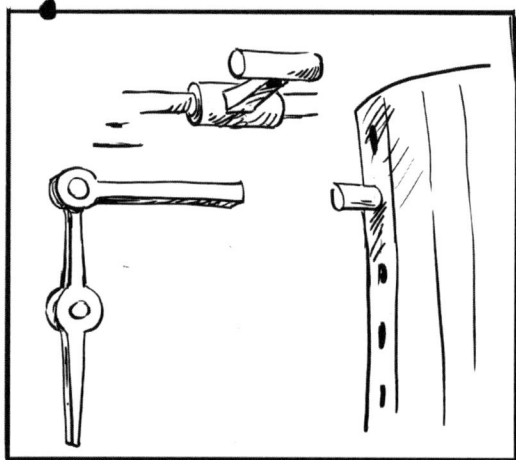

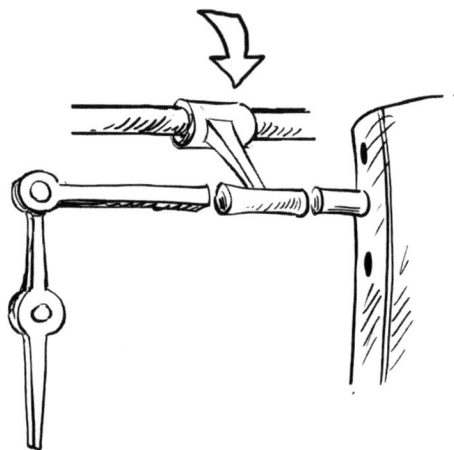

  条件臂这一类型如今我们称之为"逻辑门"：一种获取一条信息，然后将其转换或组合成一条新信息的结构。它的作用很像现代计算机中所谓的"和"门（我们已经和布尔先生一起遇到过了）。在电路图中是这样显示的：

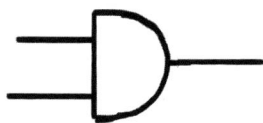

---

*1 盎司 ≈ 28.35 克。——编者注

巴贝奇还有另一个类似现代逻辑
门——"非"门——的巧妙小部件，或
者称为换流器，用来松开控制杠杆。

在电路图中，它看起来是这样的：

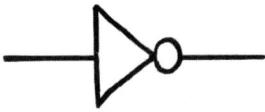

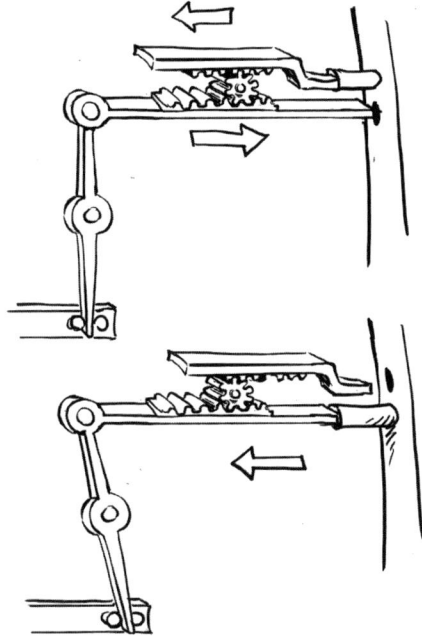

还有一个更现代的逻辑门："或"门。
我在分析机上找不到它，但是它在任何情
况下都有可能存在，分析机中有很多事
情发生。你或许可以这样打造一个——如
果在桶上有一个楔子，或者臂被机器降下
（也可能两者都下降），然后按下杠杆。

"或"门的电路图：

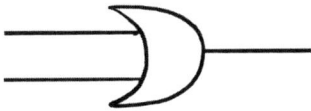

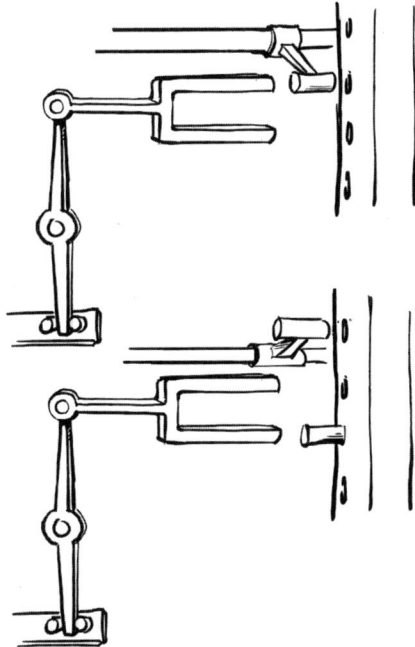

条件臂让机器"咬自己的尾巴"的循环闭合。卡片控制桶，桶控制机器，机器控制桶，桶控制卡片。

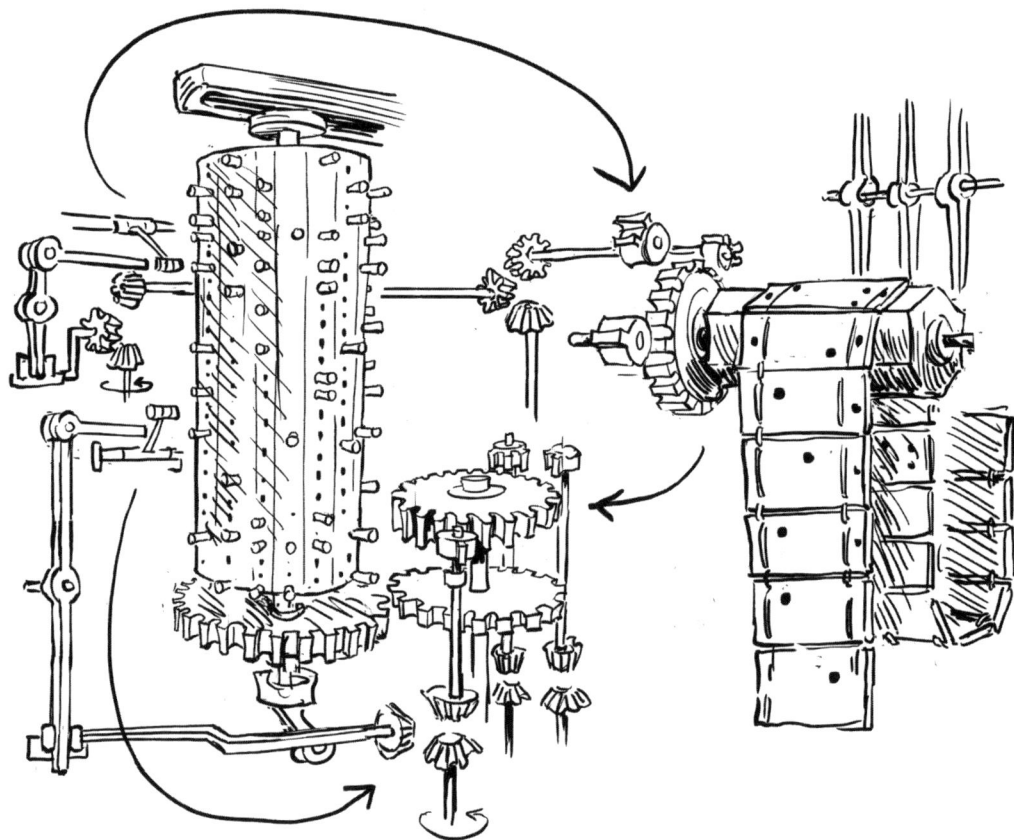

来自磨坊的反馈可以控制桶或操作卡——例如，要求一组卡片不断重复直至得到某个结果，就像处在循环之中，或者如果得到另一种结果，则跳转到卡片的另一部分。只要程序编得足够巧妙，并给予其足够的时间，它就能计算任何东西。

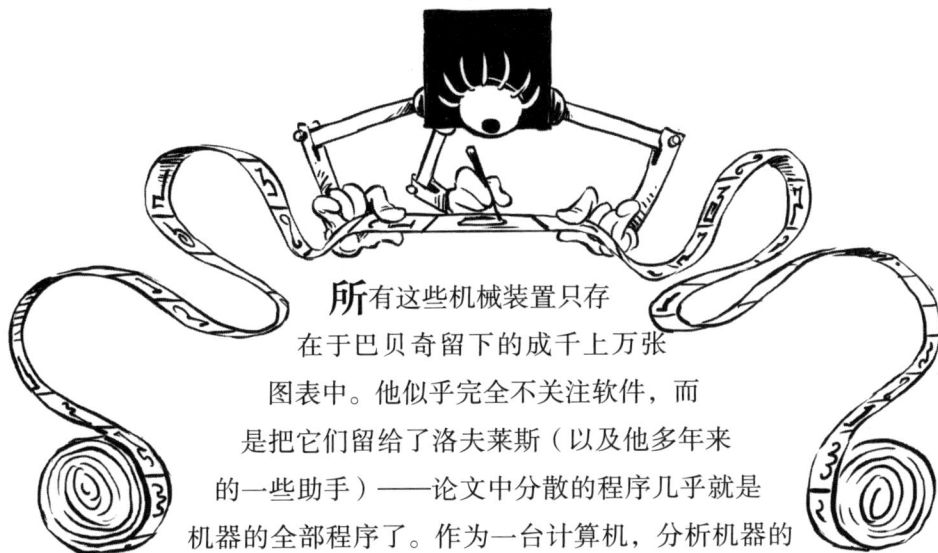

所有这些机械装置只存
在于巴贝奇留下的成千上万张
图表中。他似乎完全不关注软件，而
是把它们留给了洛夫莱斯（以及他多年来
的一些助手）——论文中分散的程序几乎就是
机器的全部程序了。作为一台计算机，分析机器的
速度很慢——将两个数字相乘要花长达两分钟。而且，由于它被设计成一旦最小的部分失准就立即
停止，所有精巧的小部件都有可能让计算卡住！

在巴贝奇第一次想到让他的差分机咬自己的尾巴，以及洛夫莱斯提出它可以超越数字范畴操作
符号的 100 年后，阿兰·图灵描述了另一种虚构的机器：通用计算机。图灵并不在意那些巴贝奇投
入了那么多年时间的机械和硬件细节，而是设想了一个抽象、无形的设备，一台理想的计算机。图
灵的通用机器有某种"读取"和"写入"数据的方式，一种实现数据出入存储系统的方法，以及一
种符号代码，使其可以自我指导。图灵计算机依然是衡量一切计算机的标准，而按照这个标准，分
析机就是第一台计算机。

鉴于 20 世纪 40 年代和 20 世纪 50 年代的工具是晶体管和真空管，而不再是齿轮和杠杆，计算
机作为一种由电线和电构成的空洞之物诞生，一改由黄铜和蒸汽打造的粗重之物的形象。在我看
来，这是一件憾事，因为如果那样的计算机诞生了，我们可能都会对此多表示出一点热情——就像
对在蒸汽呼啸中来到这个世界的火车一样。

后 记

关于作者

    悉尼·帕杜亚是一位动画师、故事艺术家以及通常被雇用制作电影中攻击人类的巨型怪兽的一个烦人又无聊的家伙。她偶然开始创作漫画，至今仍在试图找出停下来的办法。她和丈夫生活在伦敦，书多到小公寓堆不下。她的个人网站是：sydneypadua.com。

    想要获取在文中提到的原始资料的链接和其他太多太多我没有空放的资料，以及偶尔出现的洛夫莱斯和巴贝奇的漫画及漫谈，请访问2dgoggles.com。

本书中文简体版权归属于银杏树下（上海）图书有限责任公司

著作权合同登记号　图字：22-2024-147

图书在版编目（CIP）数据

第一台电脑 / （加）悉尼·帕杜亚编绘；马楠译.
贵阳：贵州人民出版社，2025. 2. -- ISBN 978-7-221
-18658-4
Ⅰ. TP3-091
中国国家版本馆CIP数据核字第2024701FL2号

DI YI TAI DIANNAO

第一台电脑

[加]悉尼·帕杜亚（Sydney Padua）编绘

马楠 译

出 版 人	朱文迅	
选题策划	后浪出版公司	
出版统筹	吴兴元	
编辑统筹	吕俊君	
责任编辑	刘旭芳	
特约编辑	强 梓	
营销编辑	刘嘉玮	
装帧设计	墨白空间·曾艺豪	
责任印制	常会杰	
出版发行	贵州出版集团　贵州人民出版社	
地　　址	贵阳市观山湖区会展东路SOHO办公区A座	
印　　刷	河北中科印刷科技发展有限公司	
经　　销	新华书店	
版　　次	2025年2月第1版	
印　　次	2025年2月第1次印刷	
开　　本	889毫米×1194毫米　1/16	
印　　张	20	
字　　数	640千字	
书　　号	ISBN 978-7-221-18658-4	
定　　价	86.00元	

后浪出版咨询(北京)有限责任公司　版权所有，侵权必究

投诉信箱：editor@hinabook.com　fawu@hinabook.com

未经许可，不得以任何方式复制或者抄袭本书部分或全部内容

本书若有印、装质量问题，请与本公司联系调换，电话010-64072833